U0923559

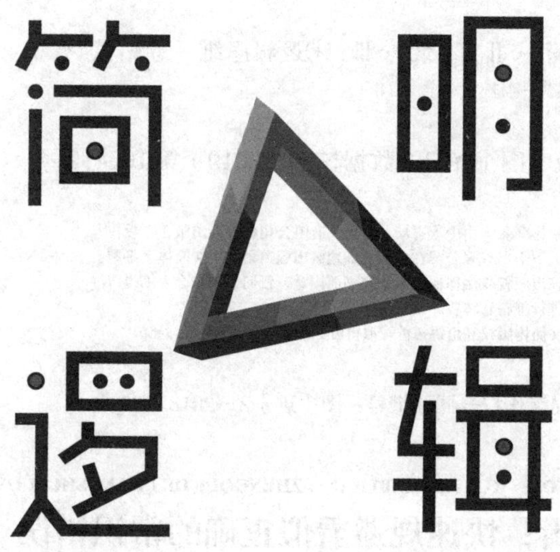

梁光耀 / 著

快速规避看似正确的常识错误

四川人民出版社

图书在版编目（CIP）数据

简明逻辑：快速规避看似正确的常识错误 / 梁光耀著. -- 成都：四川人民出版社，2019.9
ISBN 978-7-220-11531-8

Ⅰ. ①简… Ⅱ. ①梁… Ⅲ. ①逻辑思维 - 通俗读物
Ⅳ. ①B804.1-49

中国版本图书馆CIP数据核字（2019）第165412号

四川省版权局著作权合同登记号：图［进］21-2018-480

JIANMING LUOJI：KUAISU GUIBI KANSI ZHENGQUE DE CHANGSHI CUOWU

简明逻辑：快速规避看似正确的常识错误

著　　者	梁光耀
策划编辑	王　猛
出版统筹	禹成豪
责任编辑	杨　立　邵显瞳
装帧制造	尚世视觉
出版发行	四川人民出版社（成都槐树街2号）
网　　址	http://www.scpph.com
E - mail	scrmcbs@sina.com
印　　刷	天津联城印刷有限公司
成品尺寸	146mm × 210mm
印　　张	7.5
字　　数	140千字
版　　次	2019年9月第1版
印　　次	2019年9月第1次
书　　号	978-7-220-11531-8
定　　价	49.00元

目 录

第三章　逻辑方法

第四章　科学方法

第五章　谬误剖析

第六章　创意思考

第一章

思考方法

Thinking method

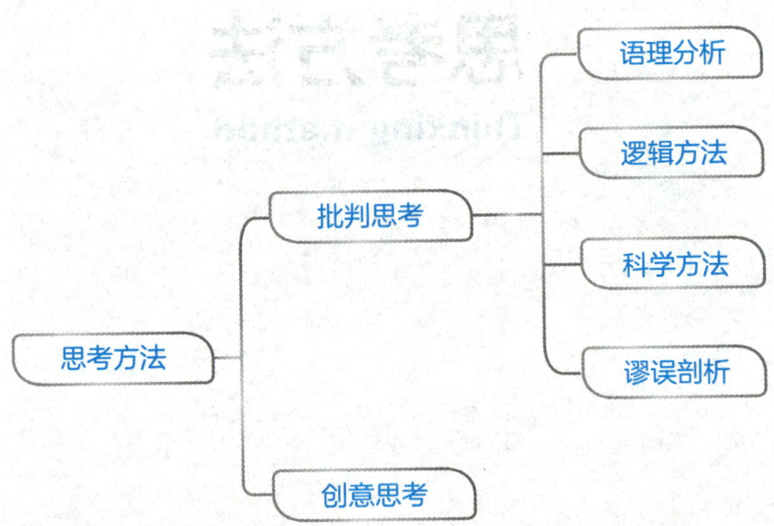
思考方法
批判思考
创意思考
语理分析
逻辑方法
科学方法
谬误剖析

第一节　什么是思考方法

从未接触过思考方法这门学科的人，可能会怀疑："思考也需要特别的学习和训练吗？我能够提出疑问，不就反映出我正在思考吗？"

没错，每一个正常人都有思考的能力，但是懂得如何思考的人并不多。要提升思考能力，就必须掌握正确的思考原则。思考方法正是一门探讨正确思考原则的学问。

要了解思考方法是一门怎样的学问，我们可从分析思考和方法这两个概念开始。

什么是思考？一般来说，我们会将计算、分析、推论称为思考，但不会将做梦或胡思乱想叫作思考。前后两者之间有什么区别呢？区别在于思考时是否需要注意程序和方法。以计算为例，我们需要有方法和程序，才能计算出答案，但做梦或胡思乱想并不需要方法，也没有一定的程序要去遵守。

方法这个概念有两个含义：目的性和普遍性。目的性是指我们总想透过某种方法来达到某个目的，例如：我们游泳时为了达到更快、更安全的目的，便会学习某种游泳方法，而不是自己胡乱游一通；普遍性是指在众人都能正确运用方法的情况下，该方法的有效性不会因人而异。假设我和别人同样正确使用了某种方法，但我能够达到某些预期效果，别人却不能，那么这套方法就不具备普遍性，或普遍性不高。

什么是思考方法?

中彩票的概率是……

能中奖就好了。

思考≠做梦

思考需要注意程序和方法，做梦却没有方法或程序可循。

学习思考方法的目的

- 达成思考严谨
- 达成思考合理
- 达成思考清晰
- 达成思考富有创意

我们可以将思考和方法这两个概念结合在一起，了解思考方法是一门怎样的学问，这样我们便能做出更清晰、更严谨、更合理的批判思考，进行创意思考时也能灵活多样、举一反三。不过，以普遍性来看，创意思考是远低于批判思考的，本章第四节会加以讨论。

第二节　思考方法的架构

思考方法学，简称思方学。到目前为止，我认为香港哲学家李天命所建立的思方学架构比较完善，因此本书也采用了李天命的框架来讲解思方学。

广义的思考方法包括批判思考和创意思考两部分，而狭义的思考方法则仅指批判思考，其中包括四种主要方法，分别是语理分析、逻辑方法、科学方法和谬误剖析。

在这里简单说一下这四种方法的功能：

语理分析的主要功能是弄明白言论或问题的意思。

逻辑方法涉及演绎法的运用，用来考证推论是否正确。

科学方法涉及归纳法，提供了一套论证的程序，以获取有关经验世界的知识。

谬误剖析则把不正确的思考方式加以归类和分析。

一般讲述思考方法或逻辑的书籍都会讲解逻辑方法、科学方法和谬误剖析，但没有语理分析这部分。

其实，这些书也会提及语言和思考的关系，例如：歧义和含混是如何妨碍人们进行清晰思考的？但没有将语理分析独立成章。李天命对思方学的最大贡献就是把语理分析定位为思方学的起点，即思考方法中最基本的部分，并发展出实用的语害批判架构。

正如李天命所言，语理分析其实是分析哲学[①]所用的思想利器，他不过是将语理分析重新定义为思考方法的起点。[②]

能够将语理分析这种思想利器从学院的象牙塔中拿出来，建构出思考方法的基本环节，李天命堪称第一人。

其实，很多无谓的争论都是由于没有先弄清楚言辞的意思所致，不少思想的困惑也是由此产生的，加上语意上的偷、蒙、拐、骗四处横行，实在需要一门针对语意弊病的学问，这就是以语理分析为首位的思方学。

李天命对思方学的另一贡献是对谬误做了整理，提出了恰当的定义，并给了谬误一个非常实用的分类架构——四不架构。

有些人以为思考方法是教授记忆速成法，与人适当沟通等

---

① 分析哲学是当代英美哲学的主流，但它只是一个统称，分析哲学家往往有不同的主张，他们的共同之处在于使用的方法，主要有两点：

第一，很多哲学问题都是误解语言或误用语言的结果，厘清有关概念即可解决问题。

第二，哲学主张必须有严谨的论证来支持。

② 语理分析的根源就是分析哲学前身逻辑经验论的两个方法学区分，分别是析合区分和意义区分。

实用技巧，这其实是他们的误解，他们应该向心理学寻求满足的法门。

当然，心理学作为一门学科，也要遵守思考方法的基本原则，例如：内容要清楚，推论要正确，不存在谬误等。

顺带一提，思考方法主要用于讨论场合，以分辨是非对错，我们不需要在任何场合都严守思考方法的原则。平时跟朋友闲谈说笑，便可以把思考方法暂时放开。

据实而言，思方学所讲的正确思考方式，并不是什么特别罕见的知识，在我们的日常生活中就一直在用。比如说语理分析，有考试经验的朋友应该都懂得这个道理，就是要先弄清楚问题的意思再作答，否则答错问题就很不值了。不过，我们往往由于心急或自以为清楚问题的意思就盲目作答，以至于经常犯这个错误，得不到正确的答案。

再比如说，你事前根本不需要先学习思考方法，也不知道什么是演绎法（又称演绎推论），同样可以根据某些前提推论出某些结论。

然而，你对于这个演绎推论的性质，却未必清楚。

演绎推论具有一定的必然性，前提必然能推论出结论：假如前提全部为真，那么结论也一定为真，不可能为假。前提的真可保证结论的真。

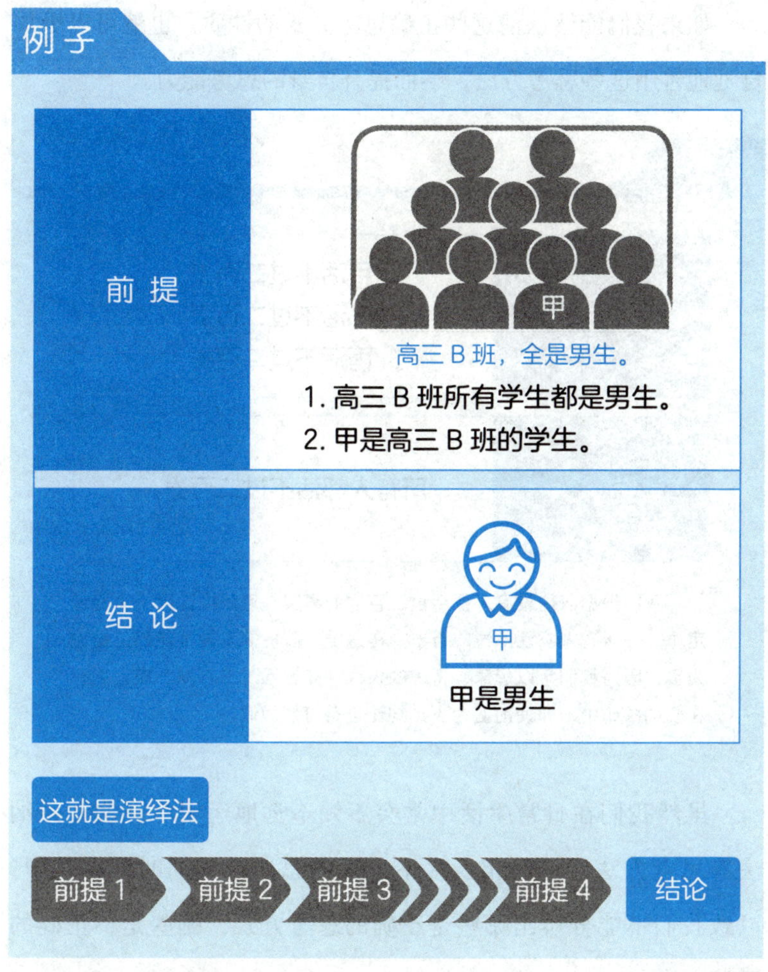

可是，归纳法（又称归纳推论）就没有这种必然性，只有盖然性。假如前提全部为真，结论有很大概率也会为真，但不是必然为真。

如果我们能够认清这些正确思考方式的性质，也就可以更加自觉地善用这些思考方法，继而提升自身的思考能力。

例子

前提	1. 甲活不过二百岁。 2. 乙活不过二百岁。 3. 丙活不过二百岁。
结论	所有人都活不过二百岁。

我们根据以往没有人能活过二百岁的事实，可以推论出一个普遍定律——所有人都活不过二百岁。在这里，前提的真并不能保证结论为真，因为我们可以想象，将来的人或许能够活过二百岁。换言之，在归纳推论中，即使前提为真，结论也有可能为假。

虽然我们在日常生活中常会不知不觉地运用演绎法和归纳法等思考方法，但有相当多不正确的思考方式同时混杂其中，以致我们不能分辨出哪些是正确的思考方式，哪些是不正确的思考方式。

思考方法除了讲述正确的思考方式，还会探讨那些不正确的思考方式。我们将这些不正确的思考方式称为谬误。

例子

前提	1. 如果天下雨，地面会很湿滑。 2. 现在的地面很湿滑。
结论	天下雨。

如果我们以为这个推论具有必然性就错了，因为除了下雨，还有其他因素可以造成地面湿滑，例如水管爆裂。以上的推论正犯了肯定后项的谬误。

第三节　思考方法与批判思考

正如前文所言，狭义的思考方法是指批判思考，原因是这套思考方法主要是用来批判艺术、哲学、政治、宗教，甚至科学等方面的言论，检视这些言论是否清晰，有没有语害，推论是否正确，有没有谬误等。

但是，将思考方法称为批判思考只是一种约定俗成的叫法，批判思考可以有很多不同的定义。

我无意在这里探讨这些定义，只想指出本书是从方法学的角度去界定什么是批判思考。不论其他人怎样界定批判思考，这些不同的说法都要遵守思考的基本方法（例如没有谬误），否则也会遭到批判。

从批判思考的角度看，思考方法主要用来批判言论：

语理分析是要指出言论中不清楚的地方。

逻辑方法则帮助我们检视言论中的推论是否成立。

科学方法则用来考察言论中所宣称的知识是否可靠。

谬误剖析则把言论中隐含的谬误辨认出来。

不过，我们在现实中批判某些言论时，很多时候并不会采用以上四个标准，而是另有标准。

例如：有的人在网上发表不当言论："女人全都贪慕虚荣。"我们最多批评他歧视女性、侮辱女性，而很少有人会批评他言论不清楚、推论不成立、与事实不符，等等。不应歧视和不应伤害他人本是价值判断，在这里就成了批判的标准。

很多人认为价值观都是主观或相对的。的确，有某些价值观含有主观的成分，甚至只是个人的喜恶，但我们用自由、平等、幸福等价值观来批判不合理的社会现象时，这些价值观便有其普遍性。

我们必须批判不合理的现象，只有这样社会才会进步。

社会之所以会出现争论，很多时候并非因为我们有相对的价值观，而是由于我们共同认可的价值观之间存在冲突，例如：自由和平等之间就常常出现冲突，因为要成全某方面的自由，就可能要放弃某方面的平等。

举例来说，某公司准备聘请多位业内精英对员工进行一次培训，员工可以自行决定是否参加，但只要参加，就要缴纳一定量的培训费。对所有员工而言，公司并没有限制他们参加培训的自由，但缴纳培训费的规定无疑造成了不平等。参加培训当然是一件好事，但对无力缴纳培训费的员工来说，他们将错失这个机会。

有时候同一个价值观本身也有内部冲突，例如：知情权和隐私权就经常发生矛盾，但它们其实都是自由的体现。

根据上述分析，我们可以这样了解什么是批判思考：思考方法作为批判思考的基础是必要的，但如果要批判不合理的制度和社会现象，在没有充分把握情况下，必须诉诸合理的价值观。

我们还需要区分思考方法和有助于思考的方法，后者包括态度、性格和做事方式等，例如：我们会说擅长批判的人都具有怀疑精神和求真的态度，但这些都不是思考方法。

批判思考的方法和标准

批判思考 目的：批判不合理的制度和社会现象	
方法	标准
语理分析 批判言论中不清楚之处	合理的价值观 自由、平等、不受伤害……
逻辑方法 检视言论中的推论是否成立	
科学方法 考察言论中的知识是否可靠	
谬误剖析 辨认言论中的谬误	

第四节　创意思考与批判思考

思考大致可分为批判思考和创意思考两种。批判思考旨在批判，创意思考则旨在创新和发明。

为什么我们需要创新发明呢？因为新的理论能解释一些从前不能解释的现象，加深我们对这个世界的了解；新的解决问题的方法能节省时间，提高效率；新的产品能改善生活的质量，让我们的生活更便利、更舒适。

无论是理论的创新、解决问题的新方法，还是新产品的发明，都源于观念的创新，来自创意的思考。

但我很怀疑创意思考是否真的有方法可循。有的学者建议我们必须打破平时的习惯，比如说读一些之前从来不看的书，便会刺激我们思考，带来新的观念，提升我们的创意。

我认为这种方法的普遍性不高，甚至只对小部分人有效，对大部分人并无用处。道理很简单，创新根本就没有具体的方法可循，能够按照一定程序得出来的东西，就不能称之为创新。若论普遍性，创意思考所讲的方法远远不及批判思考，只能作为指引和参考。事实上，有的人撰写的有关创意思考书籍的最大问题，不是其中所教的方法没有普遍性，而是方法过于繁琐和混乱，根本没有什么实用价值。

我想进一步说明批判思考与创意思考之间的关系，并厘清一些常见的误解。我认为批判思考比创意思考更基本一些，所谓基本是指由创意思考得出来的创新和发明，最终还是要经得起广义的批判，才算成功或可行。例如：爱因斯坦最初提出相对论时，大家都认同它只是创新的科学理论，要经过日后的实验验证后，才能确定为可行。

创新要经得起批判或验证，这是毋庸置疑的。有时批判也能刺激创新的出现，例如：批判不合理的制度，便能让我们制订出更完善的新制度。

反过来说，创意也能提升批判思考的深度和广度，虽然我们一直强调批判思考有法可循，但能否思考出新的观点来进行批判，往往与批判者本身创意能力的高低有关。

以上的分析反映出批判思考和创意思考是相辅相成的，但有的人认为，这两者是相互排斥的。例如：某种论说便将创意思考和批判思考分别类比为水平思考和垂直思考，以形象化的垂直线来说明批判不但不能产生创意，甚至会妨碍创意的产生。

如果有人因为批判思考的目的不在于创新发明，便批评批判思考不能产生创意，岂不是跟批评洗衣机无用，因为它不可以用来煮饭一样荒谬吗?

另一种流行的分类是将思考分成所谓的左脑思考和右脑思考,分别相当于我们所讲的批判思考和创意思考。左脑负责推理和分析的逻辑思考,而右脑则主管想象与创意思考。此理论可以引申出更多相关理论,例如:很多天才的右脑比较发达;由于右脑控制人的左半边身体,所以很多天才都是左撇子云云。

目前我们对人脑的认识还在起步阶段,上述讲法说穿了只是拿一些对思考的初步知识来大做文章,缺乏充分的经验证据。

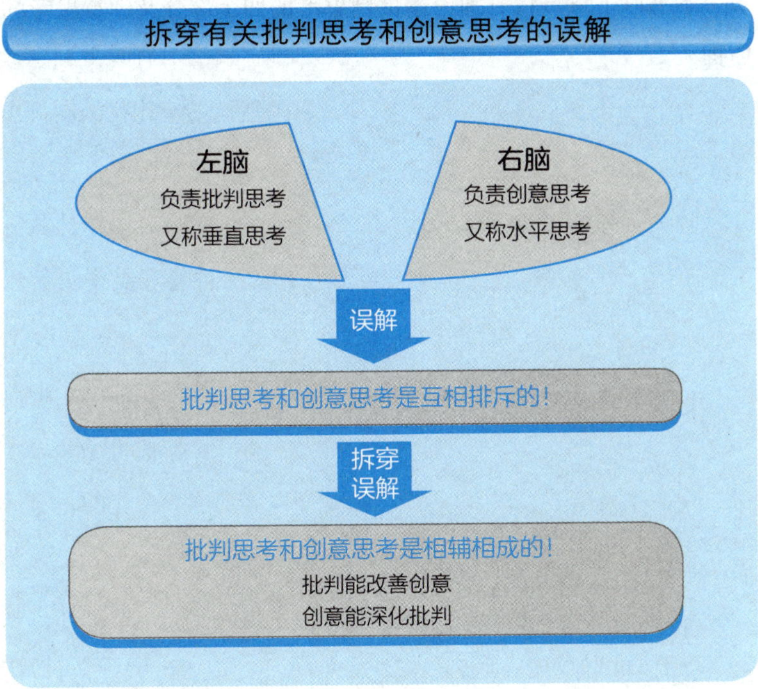

拆穿有关批判思考和创意思考的误解

左脑
负责批判思考
又称垂直思考

右脑
负责创意思考
又称水平思考

误解

批判思考和创意思考是互相排斥的!

拆穿误解

批判思考和创意思考是相辅相成的!
批判能改善创意
创意能深化批判

“天才都是左撇子”这种讲法也十分片面，因为它忽略了同样有很多天才是右撇子的事实，也不能解释为什么有更多左撇子不是天才。

即使有证据显示左撇子比较有创意，也不能因此就断定左右脑思考的说法成立，因为也可能有其他因素导致左撇子比较有创意，例如：由于社会规范，我们从小就被训练使用右手，但仍有少部分人喜欢用左手，他们可能就是一些敢于打破常规的人，而敢于打破常规的人又往往比较有想象力。

本书以下章节将分别论述批判思考的四个部分及创意思考的原理。

第二章

语理分析

Linguistic analysis

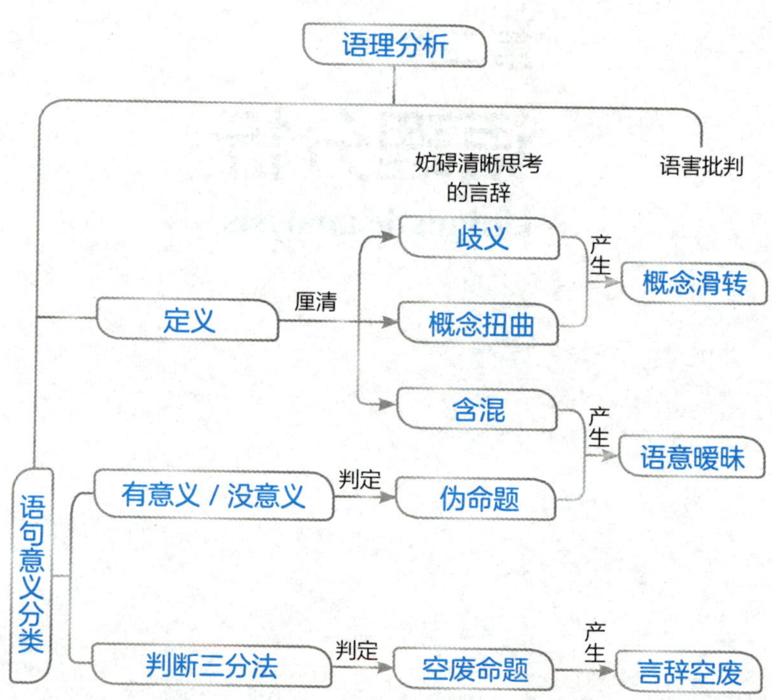
语理分析
妨碍清晰思考
的言辞
语害批判
歧义
产生
概念滑转
定义
厘清
概念扭曲
含混
产生
语意暧昧
有意义 / 没意义
判定
伪命题
语句意义分类
判断三分法
判定
空废命题
产生
言辞空废

第一节　正确思考的第一步

当我们面对某个言论或问题时，首要的工作是弄清楚这个言论或问题的意思，特别要厘清关键的字眼。正确思考的第一步就是要问："这是什么意思？"这就是语理分析的要旨。

一般讲述逻辑或思考方法的书籍都会包括逻辑方法、科学方法和谬误剖析这三个范围，但对语理分析并未予以重视。思考方法学的最大特色就是将语理分析的重要性展示了出来，它比其他三种思考方法更为基本，当我们面对某问题或言论的时候，第一步的工作就是语理分析。

道理很简单，如果我们连一个问题的意思都没搞清楚，又怎能运用逻辑方法和科学方法对其进一步处理呢？例如：当我们面对"病毒是否有生命？"这个问题时，首先就需要厘清"生命"这个关键字眼的意思，然后才能运用科学方法去判定事实是什么。

语理分析虽然看似平淡无奇，其重要性也往往被人忽略，但是如果我们培养出语理分析的警觉性，便可以避免很多无谓的争论。例如：很多人都认为孟子主张的“性本善”跟荀子主张的“性本恶”是对立的，其实他们所讲的“性”或“本性”的意思并不相同。换言之，“本性”这个词是有歧义的。

孟子讲的“本性”大抵是指人类有向善和辨别是非善恶的能力，这是人类的一种特质，是其他生物所没有的。但荀子的“本性”则泛指人类与生俱来的整体性质，包括人的动物性、欲望，他认为如果人不去节制欲望，就会出现争夺和混乱，于是恶就会产生，因此他判断人的整体性质是倾向于恶的。既然二人对“本性”有不同理解，而分别善与恶，其理论自然就不是真正的对立。

正确思考的步骤

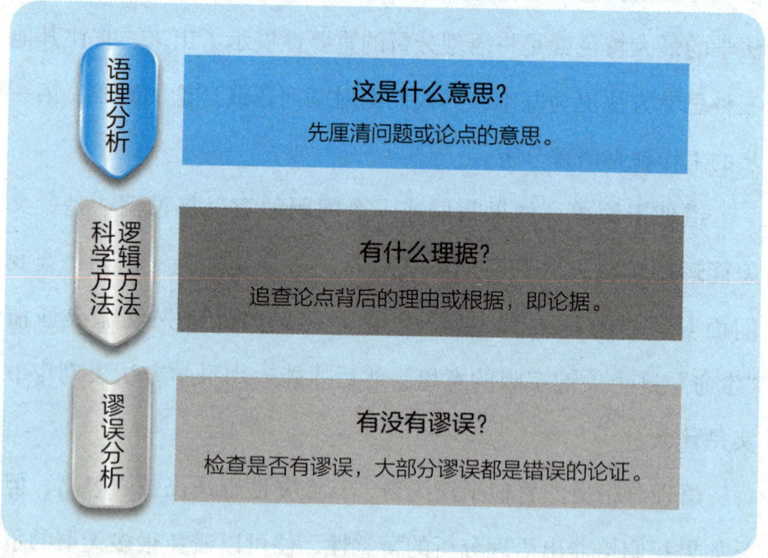

语理分析

这是什么意思？

先厘清问题或论点的意思。

逻辑方法
科学方法

有什么理据？

追查论点背后的理由或根据，即论据。

谬误分析

有没有谬误？

检查是否有谬误，大部分谬误都是错误的论证。

以上例子反映语理分析正是思考过程中最重要的一步。要提高语理分析的能力，实践则是最佳的方法，但在实际锻炼语理分析能力之前，我们还得好好掌握语言这种思考工具，对语言的性质有起码的认识。接下来我会介绍一些逻辑概念，它对提升我们的思考能力将会有很大的帮助。

第二节　歧义

在我们的语言中，有某些言辞并没有确定的意思，会妨碍我们做出清晰的思考和讨论。歧义就是指一个言辞在某个脉络里容许多于一个的解释，因而造成了思考上的混乱。

例子

> 我在街上碰到一位不相熟的朋友，朋友问我去哪里，由于赶时间，我只说了一句“上课去”，便跟他道别了。

“上课”一词在这情况下便存在歧义：老师去授课会说是“上课”，学生去听课也同样会说是“上课”，究竟我是去授课还是去听课呢？意思并不清楚。

也许大家觉得这些歧义只会造成日常生活中的小误会，但事实是很多纷争都由歧义而引发的，自由、真理等便是例子，这些词语在不同人心里、不同脉络中，都会有不同的意思。

句子的语法结构有时也会导致多于一个解释的出现，这便是语法歧义。

例子

父在母先亡。

这句话有语法歧义，因为至少有两个解释：一、父亲比母亲早逝。二、父亲还健在，母亲已去世。

歧义容易令我们混淆字词的不同意思，让我们的思维产生混乱，例如：战国时期诸子百家之一的名家代表人物公孙龙，便曾提出白马非马论，这就混淆了“非”这个字可指不等于及不属于的两个意思。我们称这种情况为概念混淆。

如果我们论证时混淆了字词的不同意思，就会做出错误的推论。由词语的歧义产生的错误推论，称为歧义谬误。

例子

前提	1. 孔子是好人。 2. 好人越来越少。
结论	孔子越来越少。

上述推论混淆了“好人”这个词的意思：前提一的“好人”是指全世界范围内的其中一个好人，前提二的“好人”是指所有好人的总数。

歧义造成的思考混乱

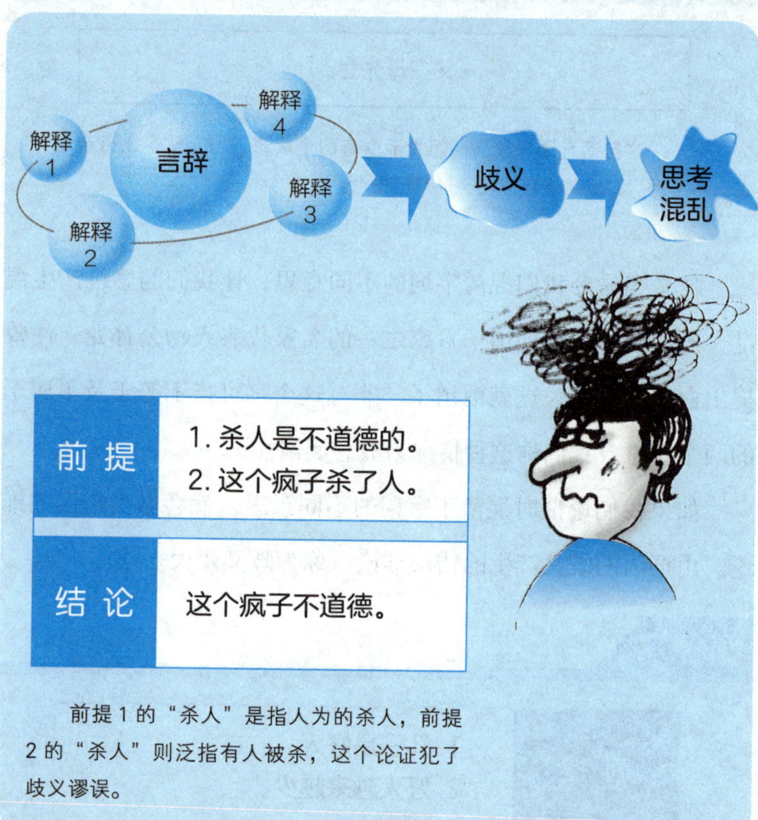

前 提	1. 杀人是不道德的。 2. 这个疯子杀了人。
结 论	这个疯子不道德。

前提 1 的“杀人”是指人为的杀人，前提 2 的“杀人”则泛指有人被杀，这个论证犯了歧义谬误。

第三节　含混

除了歧义，含混也容易导致思考不清晰。含混是指由于言辞的使用范围没有一个明确的界线，导致意义不明。例如：一个90岁的人固然可以称为老人，70岁也可以，但60岁呢？可能就不太确定。又例如：自己的好朋友当然是朋友，普通朋友也可以是朋友，但刚刚相识的人算不算朋友呢？

如何才算是老人?

老人的定义并没有明确的界限。

七十岁算不算是老人?

六十岁算不算是老人?

（接上页）

八十岁算是老人了吧？　　九十岁肯定是老人。

含混的言辞多不胜数，如富有、肥胖、秃头等。不过含混言辞是否一定会带来思考混乱要视乎语境而定，不能一概而论。例如：我感到身体不大舒服，于是说："我身体有些毛病。""身体有些毛病"这个言辞的意思本身是含混的，在此语境中却没有产生思考混乱，因为我旨在表达我的感觉。但如果我去看医生，医生却说："你身体有些毛病。"此时"身体有些毛病"这种含混的说法就有语意暧昧的问题，因为没有指示清楚具体有什么毛病。

有一种谬误跟言辞含混有关，这就是非黑即白的谬误。

> 不是朋友，就是敌人。

上述推论犯了非黑即白的谬误。"朋友"和"敌人"两个词语的意思由于十分含混，因此容易令人做出错误的推论。

非黑即白的谬误

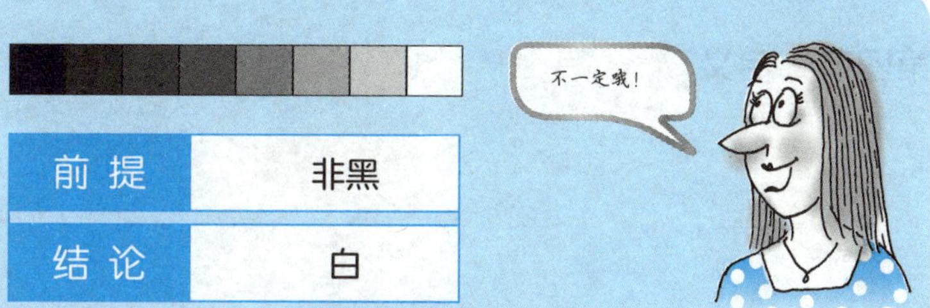

前提	非黑
结论	白

非黑即白只是一个比喻，说明我们不能因为一个极端为假，便推论出另一个极端为真，而忘记了中间的可能性。

第四节　定义

定义是一种常用的厘清方法，意思是让我们针对歧义和含混所造成的思考混乱，厘清有关言辞。

有一种定义叫作本质定义，由必要条件和充分条件组成。

例子

“王老五”的本质定义

必要条件	1. 到了适婚年龄。 2. 未婚。 3. 男性。
充分条件	到了适婚年龄的未婚男性。

“王老五”一词有三个必要条件，这三个必要条件加起来就是“王老五”的充分条件。如果你同时满足这三个条件，你就一定是“王老五”。

不过在现实中，很多概念都不能用这种方法来明确定义，例如：艺术便不存在必要条件和充分条件，但这并不表示我们不能理解艺术的意思。我们可以通过实例，如毕加索的画、亨利·摩尔的雕塑、但丁的《神曲》和贝多芬的《月光曲》等，去了解什么是艺术。我们也可以描述艺术的一些主要性质，如表现情感，让人了解艺术是什么。

由此可见，要了解一个概念的意思，未必需要定义，有时用同义词已经足够。例如：你要教一个4岁的小孩理解“父亲”这个概念，而这个小孩已经明白“爸爸”是什么意思，你便可以说：“父亲即爸爸。”

当然，像艺术这些字词还有很多不同的意思，那么我们便需要描述它在不同脉络中有哪些不同的意义或用法。

定义的主要目的是让我们了解概念的意思，因此定义项不应比被定义项更难理解，否则就失去了定义的功能。假设有一个人从未见过骆驼，你给骆驼下定义时，便要让他更容易明白。若你说骆驼就是沙漠之舟，他便不会明白骆驼的真正意思，还可能以为骆驼是在沙漠之中行驶的船。

除此之外，我们作定义时还应该注意避免造成循环定义。例如：将艺术品定义为艺术家创造出来的东西，及将艺术家界定成会创造艺术品的人，便会令人十分费解。

我们也可以按定义的不同目的分类。常见的定义有三种，分别是报告性定义、厘清性定义和规创性定义。

定义的分类

规创性定义

赋予字词新的用法，而非报告其已有的用法，例如：每有新发明，我们就需要创造新词来指代它。

厘清性定义

厘清一些意义不明的字词，例如：政府派发养老金，就要先厘清老人的意义。

报告性定义

报告字词的惯常用法或某个已有的特定用法，例如：字典中的定义。

用定义来厘清言辞的步骤

1. 报告有关言辞的惯常用法。
2. 判定哪一个是合理的解释。

第五节　判断三分法

我们存在于这个世界，每天都要作出不同的判断，这些判断大致可分为概念判断、事实判断和价值判断三大类，不过这并不表示所有判断都可严格区分为这三种，有些可能处于其中两者之间。

虽然这三种判断都具有认知意义，即有真假可言，但判定其真假的方法并不相同。

概念判断是否为真，单凭分析其概念的意思就足够，例如："妈妈是女人"这句话当然是真的，并不需要通过检查妈妈的性别来判定。这句话的真并不在于对经验世界做出正确的描述，而是由字词的意义或用法所决定：女人正是妈妈这个概念的其中一个必要条件。

与概念判断相反，事实判断是对经验世界做出的特定描述，因此其真假要诉诸经验的考察，例如："地球环绕太阳而旋转"是真的，因为科学家凭借观察已证实地球的确是环绕太阳而旋转。

价值判断与概念判断不同，不能单凭分析概念的意思，便判定其真假。价值判断也有异于事实判断，不是诉诸经验的考察，我们需要提出理由来证明价值判断的真假。例如：“堕胎是不道德的”这个论点，便是道德价值的判断，可用“堕胎是另一种性质的杀人，杀人是不道德”的理由来支持。

混淆事实判断和价值判断会带来思考的混乱，例如：很多人会将“人有人权”这个价值判断误以为是事实判断，其实“人有人权”的真正意思是“人应该有人权”，没有任何经验证据可以支持或否定这一判断，我们必须提出理由来证明其真假。

混淆概念判断和事实判断也一样会为思考带来混乱，这点将会在语害批判一节中详细讨论。

与判断一样，问题大致也可分为三大类，分别是概念问题、事实问题和价值问题。问题经过这样分类后，我们就能很容易回答，因为我们知道应该用什么方法来回答。例如：“什么是艺术？”便是概念问题，我们可通过分析有关的概念来回答。“是否所有的绘画都是抽象的？”则是事实问题，我们可通过经验考察来回答。“达·芬奇的《蒙娜丽莎》是否为伟大的作品？”却是个价值问题，我们需要提出理由来回答。

只要我们在面对不同种类的问题时，自觉地做出相应的判断，我们的思考能力就会大大提升。

对应不同问题的方法

问题种类	对应方法
事实问题	事实判断
价值问题	价值判断
概念问题	概念判断

原因

人生在世，要认识这个世界，就不得不作事实判断。

每个人都必须有自己的价值观作价值判断，否则就不知道该做什么和不该做什么。

要成功作出事实判断和价值判断，就必须了解、分析有关概念的意思，即要懂得作概念判断。

针对不同问题，做出有针对性的判断，便可提升思考力。

第六节　语句的意义

一般来说，语句是表达意义的基本单位，判断则是具有真假可言的语句，但并非所有语句都有真假可言。例如：我们去餐厅吃饭，服务员对我们说“欢迎光临”，我们便不会质疑这句话是真是假，因为这句话并没有真假可言，旨在表达礼貌。

另外，问句本身也没有真假可言，但在语言中却有特定的功能。

其他语句，如命令、请求和抒发情感的话语也是如此，没有真假的意义可言，但我们都清楚它们所表达的意思或用法。我们可以说上述这些语句具有非认知的意义。

至于那些既没有认知意义，也没有非认知意义的语句，很多都是用了术语或艰深的字眼，以掩饰其毫无意义的事实，并带来了思考上的混乱。例如：艺术言论中经常出现的字眼，便有后现代、解构、超越等。

为弄清眉目，我们可以将语句按不同意义进行分类。当然，具有非认知意义的语句远不只六类，目前的分类方法也未穷尽。

语句意义的分类

把语句意义分门别类，能让我们使用语句表达意义时，更有自觉性。

我们可以举例说明穷尽这一概念：假如只将人类分成男和女，就不算穷尽，因为我们不能把非男非女的人，如中性人进行分类。换言之，穷尽的分类架构意味着将所有分子分门别类。

除了穷尽这个概念外，我们进行分类时还要注意是否会有排斥，例如：上述图中将语句分成有意义和没有意义，就是一个排斥的分类—— 一个语句若是有意义，就不会是没有意义，反之亦然。但是把有意义的语句分成有认知意义和有非认知意义，就没有互相排斥，因为有些语句可以同时具有认知意义和非认知意义，例如：“朱门酒肉臭，路有冻死骨”，这句诗既报告了某些事实状况，又抒发了某类情感。

了解语句的不同意义能帮助我们更清晰地思考，避免产生思考混乱。伪冒命题和空废命题便是两种妨碍清晰思考的常见言辞。

伪冒命题是指本身没有意义或真假值的语句，在特定的语境下却会冒充有真假值。例如：“这把椅子今天很高兴”这句话，既不真也不假，因为它根本就没有意义，也就没有真假可言。

很多存在于哲学和宗教言论中的伪冒命题并不容易被察觉，例如：“存在就是虚无”和“上帝超越时空而存在”这两句话，我们原则上根本不知道在什么情况下这些话是真的，或在什么情况下是假的，这些便是伪冒命题。

空废命题通常都是分析真句，却在特定的语境下冒充事实判断。假设有一个天气预报表示“明天会下雨或不会下雨”，这句便是空废命题，因为“明天会下雨或不会下雨”虽然是真，但根

伪语意投射

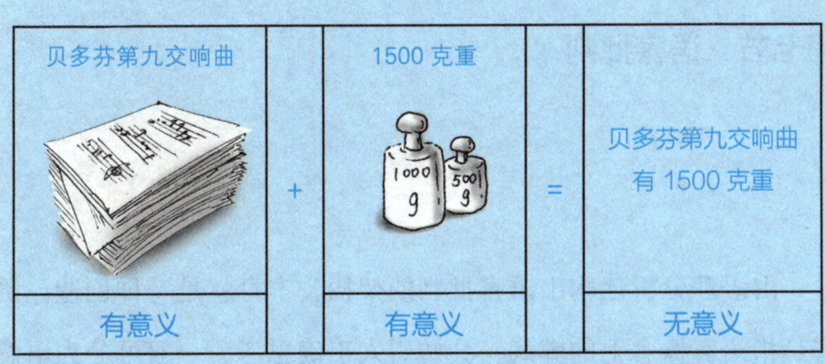

有意义的语句组合成一个新的句子时，不一定都是有意义的。

语境决定了一个句子是否有意义。

很多无意义的说法其实都源于伪语意投射。严格来说，句子是否有意义，由它所处的脉络决定。

本不包含信息内容。天气预报的责任就是要预报明天的天气，它应该具有信息内容。

第七节　语害批判

由语理分析建构出语害批判的架构，本身就是一种创造。语害是指语言概念上的弊病，会妨碍人正确思考，一般可分为语意暧昧、言辞空废和概念滑转三大类。这些语害充斥在哲学言论、宗教言论、政治言论和艺术言论中，如能消除它们，将会大大解放人类的思想。

（一）语意暧昧

语意暧昧是指用语的意义不清晰，导致思考混乱，严重者用语会毫无意义、不知所云，我们称之为语意错乱，上一节讲的伪冒命题也可归入语意错乱；轻微者则叫语意虚浮。

含混的言辞往往会造成语意虚浮，例如：医生说“你身体有些毛病”这句话，就有语意虚浮的问题。

至于语意错乱，则多是由没有意义的语句造成的，例如：“艺术在现代和后现代的二分法中被完全解构了”，显而易见，这句话毫无意义，但类似的话却常出现在艺术评论之中。

（二）言辞空废

在“判断三分法”一节中，我们已讨论过什么是概念判断，就是单凭分析其意义或用法，就可判断其真假。概念判断又可称为分析句。

分析真句必然为真，但没有信息内容，例如：三角形有三个角。用分析真句来冒充事实判断，就会形成空废命题，属于言辞空废的语害，“妈妈是女人”这个笑话就是经典的例子。有时我们会将空废命题叫作废话，但要注意并非所有废话都是空废命题。

废话≠空废命题

这是废话，却不是空废命题，因为这句话只是问句，没有形成事实判断。

广义而言，废话是指在特定语境下跟论题不相干或多余的话，而空废命题正是最没用的废话。

言辞空废分为绝对空废和相对空废两种，空废命题正是绝对空废，至于其他废话，则可归类为相对空废。

（三）概念滑转

概念滑转是指因对言辞做出的不同解释而导致思想混乱如概念混淆或概念扭曲。

概念混淆跟歧义有关，即使说话的人对言辞有不同解释，但这些解释都是合乎词义的。

概念扭曲

概念扭曲也是一种语害。认清各种语害，我们就不会轻易被言辞迷惑，在思考或讨论时，不至于陷入混乱。

概念扭曲则是扭曲了言辞的意思，违反了词义。例如：“所有人都是自私的，连特蕾莎修女也不例外，因为她不过是在满足自己想帮人的欲望。”这句话便扭曲了自私的概念，以支持“所有人都是自私”的立论，“所有人都是自私的”这句话也变成毫无信息内容的分析真句，必然为真，却是废的。

第八节 矛盾与对立

我们经常使用矛盾这个概念来批评别人的言行，但其实大部分人并不是很了解矛盾的意思，甚至把它跟对立混淆。

这里所讲的矛盾是指严格定义下的逻辑矛盾，具有“p并且非p”这个形式，例如“他是男人，并且他不是男人”便犯了自相矛盾的谬误。凡是分析假句皆有逻辑矛盾，因此我们单凭分析其意义，就可将之判断为假。

矛盾可以指一句话自相矛盾，也可以指两句话的关系是互相矛盾。当两句话不能同时为真，又不能同时为假时，它们就是互相矛盾。

相信大家都知道矛盾这个概念来自成语自相矛盾，故事中卖兵器的人推销自家的矛时说“我的矛能刺穿任何盾”，但在推销自家的盾时却说“我的盾能抵挡任何矛”。

其实这两个句子并非真是矛盾，只是对立而已。对立与矛盾的不同之处在于两个句子不能同时为真，却可同时为假。因此，卖矛和盾的人所说的两句话，有可能都是假话。

区分矛盾与对立

"所有的学生都是中国人"和"有学生不是中国人"是矛盾关系，因为……

若"所有的学生都是中国人"是真，"有学生不是中国人"必定是假。	若"所有的学生都是中国人"是假，"有学生不是中国人"必定是真。
若"有学生不是中国人"是真，"所有的学生都是中国人"必定是假。	若"有学生不是中国人"是假，"所有的学生都是中国人"必定是真。

若两个句子不能同时为真，又不能同时为假，它们就是互相矛盾关系。

"所有的学生都是中国人"和"没有学生是中国人"是对立关系，因为……

若"所有的学生都是中国人"是真，"没有学生是中国人"必定是假。	若"所有的学生都是中国人"是假，"没有学生是中国人"也可能是假。（因为可能仍有部分学生是中国人）
若"没有学生是中国人"是真，"所有的学生都是中国人"必定是假。	若"没有学生是中国人"是假，"所有的学生都是中国人"也可能是真。（因为可能只有部分学生是中国人）

若两个句子不可能同时为真，但可能同时为假，它们就是对立关系。

由此可见，我们用矛盾去翻译"contradictory"（矛盾对应的英文单词）其实并不恰当。也许是这个原因，中国人往往分不清矛盾和对立，容易造成无谓的争论。当对立的立场被人误以为是矛盾时，大家便会忽略两种立场都是假的可能。例如，A说“学校内所有学生都是中国人”，B却说“学校内没有学生是中国人”，若A说的是真，那么B的话就一定是假；但若A说的是假，那么B的话却不一定是真，也有可能是假。

第九节　小结

要想思考清晰，就必须充分理解言辞的意义。碰到意义不明的言辞时，最好要求讲者或作者澄清，或者查字典，但很多时候字典的解释并不能涵盖言辞的所有用法，此时我们便需要反省有关言辞的各种日常用法，并通过比较，找出最合适的解释。歧义、含混、概念扭曲、空废命题、伪冒命题和语害等概念工具，也可以帮助我们清除思考的障碍。

但要注意的是，所谓清晰思考是针对当下要处理的问题，并不是一味追求言辞的精确性。要提高语理分析的警觉性，除了要求别人澄清言辞的意思，我们思考时也要弄清楚所使用的言辞的意义。只要不断实践这两点，我们的思考就会越来越清晰，不过并不需要任何情况下都这样做。人生有很多场合，如跟朋友闲谈，就不用每句话都弄清楚其意义，因为经常问“这是什么意思”是十分令人讨厌的，面试时更不宜这样做，切记不要质问面试官“你之前明明不是这个意思”，否则你必然会失败，只能一直面试下去了。

第三章

逻辑方法

Logic method

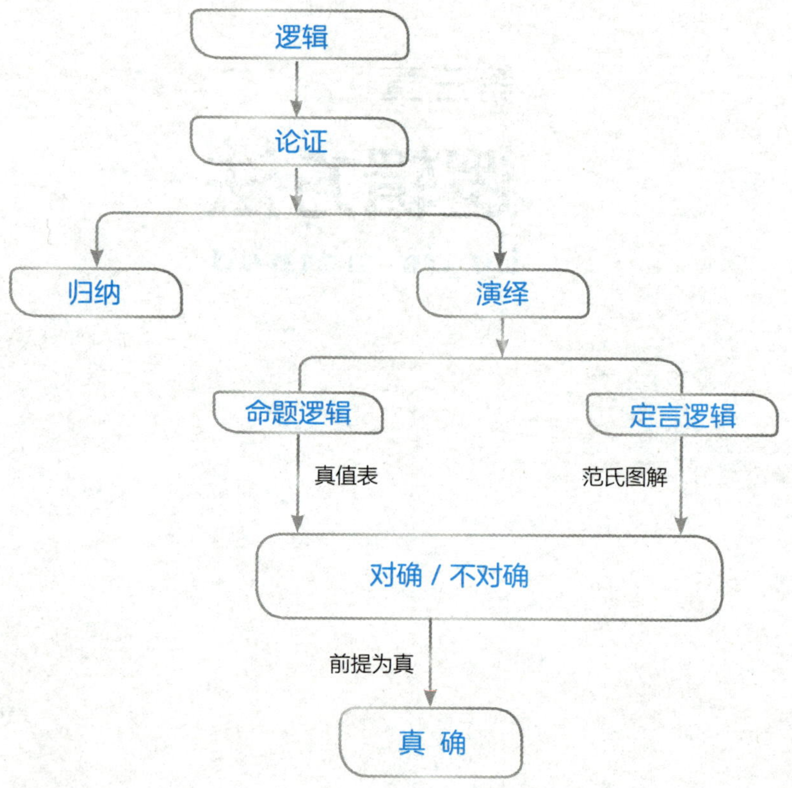

逻辑
论证
归纳
演绎
命题逻辑
定言逻辑
真值表
范氏图解
对确 / 不对确
前提为真
真 确

第一节　何谓逻辑

“逻辑”这个词语在我们的日常生活中已被广泛使用，但用法和逻辑学教的“逻辑”却是两回事。

我们日常生活中说的违反逻辑泛指不合常理，而逻辑学讲的违反逻辑则是指有逻辑矛盾，即逻辑上不可能发生。例如：有人说自己“能在5秒内跑完100米”，我们一般会评价他的话不合常理，但从逻辑学的角度来看，由于“在5秒内跑完100米”并无逻辑矛盾，所以在逻辑上是可能发生的，只是经验上不可能而已。

正如上一章所讲，逻辑矛盾具有“p并且非p”的形式，例如：“小明这次考试合格，并且不合格”这句话就存在逻辑矛盾。凡有逻辑矛盾的语句必然为假，因为逻辑上不可能，即绝对不可能发生。

不合逻辑除了指有逻辑矛盾外，还可以用来指错误的论证。简单来说，逻辑就是一门研究论证的学问。

论证大致可分为演绎论证和归纳论证两类，不过逻辑方法讲的仅是狭义逻辑，即演绎论证。我会在第四章《科学方法》中详加讨论归纳论证。

逻辑这门学问的发展很奇怪，早在古希腊时代已由古希腊哲学家亚里士多德确立，称之为传统逻辑，可是逻辑自此之后再没有重大的发展，直到19世纪才有突飞猛进的发展，产生了现代逻辑，又名符号逻辑。

传统逻辑又名三段论逻辑，分为定言三段论、假言三段论和选言三段论。

现代逻辑的范围则广泛得多，其中包括命题逻辑和量化逻辑。

逻辑学的架构

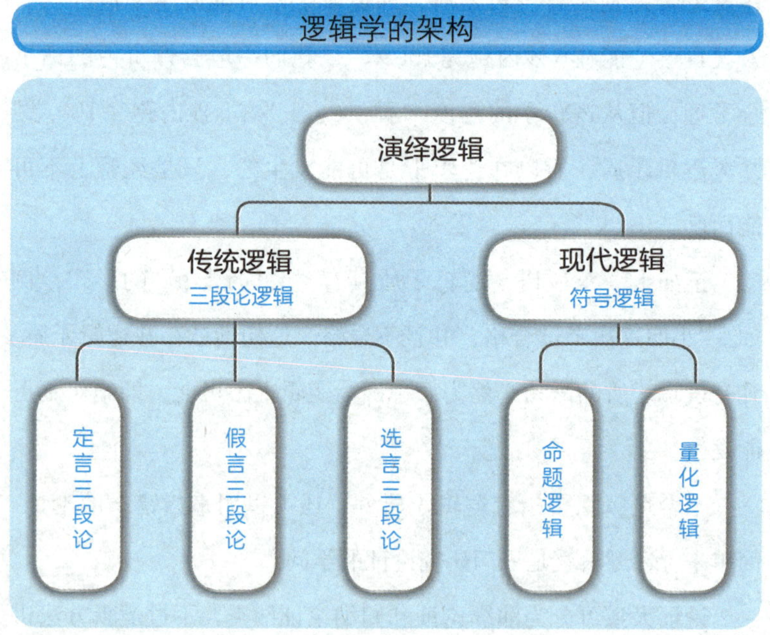

事实上，传统逻辑所讲的东西都可以包含在现代逻辑之中，但只占现代逻辑很小的一部分，所以有些哲学家认为，我们无须再讲传统逻辑，直接讲现代逻辑已经足够了。

不过，定言三段论作为传统逻辑的典范，仍然值得一提。此外，我还会讲现代逻辑中的命题逻辑。

第二节　对确论证

论证分为两部分，即前提和结论。前提用来支持结论，两者必须是判断或命题，即有真假可言。说论证不合逻辑，意思是论证不正确，由前提不能推论出结论；说论证合乎逻辑，就是指论证正确，由前提能推论出结论。但所谓正确或不正确，在演绎论证和归纳论证中的意思是不同的。在演绎论证中，如果前提全部为真，就必然会得出真的结论，那就是正确的论证，我们称之为对确论证。

如果前提皆真但结论仍有可能为假，这个论证就一定不对确，我们称之为不对确论证。

要注意的是，论证的对确与否不由前提和结论的真假值所决定，即使前提和结论是假，论证本身仍可以是对确的。

让我以“甲、乙、丙的年纪”的例子做说明，假如我们知道甲实际是50岁，乙是60岁，丙是70岁，那么我们只能说前提和结论皆假，但有关论证仍是对确（有效）的，对确论证并没有要求前提为真。

例子

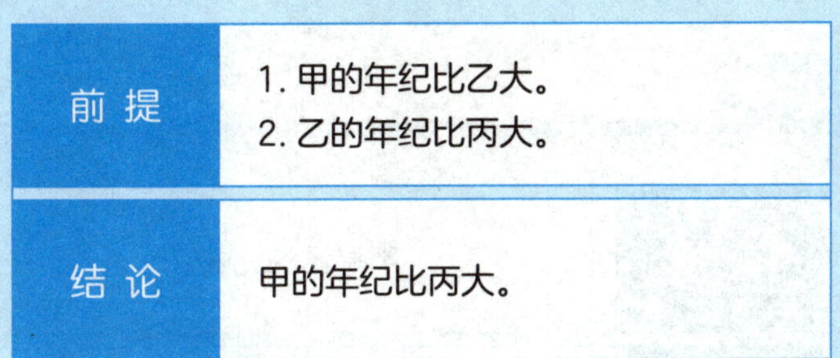

前提	1. 甲的年纪比乙大。 2. 乙的年纪比丙大。
结论	甲的年纪比丙大。

以上论证是对确的，因为如果前提全部为真，结论也必然为真，不可能为假。前提的真确保了结论的真，换句话说，前提中蕴含着结论。

例子

前提	甲是乙的儿子。
结论	乙是甲的父亲。

这个论证是不对确的，因为乙可以是甲的母亲，不一定是父亲。如果前提为真，而结论有可能为假，这就是不对确的论证。

只有一种情况，单凭前提和结论的真假值就可判断论证为不对确，就是当前提为真而结论为假时，论证就必然为不对确。

一般来说，论证是否对确取决于其论证形式，或所用字词的意义。

例子

前提	甲是乙的兄长。
结论	甲是男性。

如果我们了解兄长和男性的意思，就可以判断上述论证是对确的。

第三节　真确论证

若一个论证为对确，并且前提也为真，我们便可以称它是真确的论证。

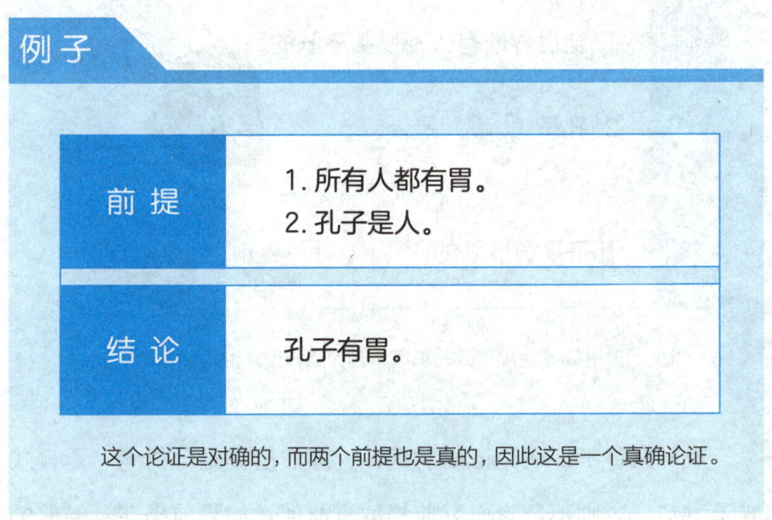
例子

前提	1. 所有人都有胃。 2. 孔子是人。
结论	孔子有胃。

这个论证是对确的，而两个前提也是真的，因此这是一个真确论证。

真确论证的结论也必然为真，因为真确论证必然是对确论证，其前提也为真。如果对确论证的前提都是真的话，那么其结论也必然为真。

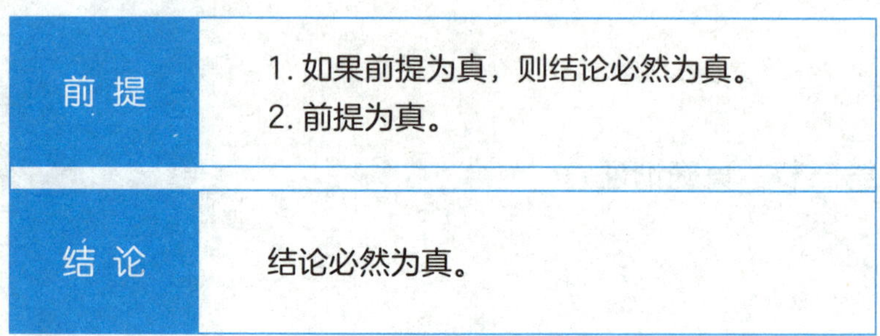

前提	1. 如果前提为真，则结论必然为真。 2. 前提为真。
结论	结论必然为真。

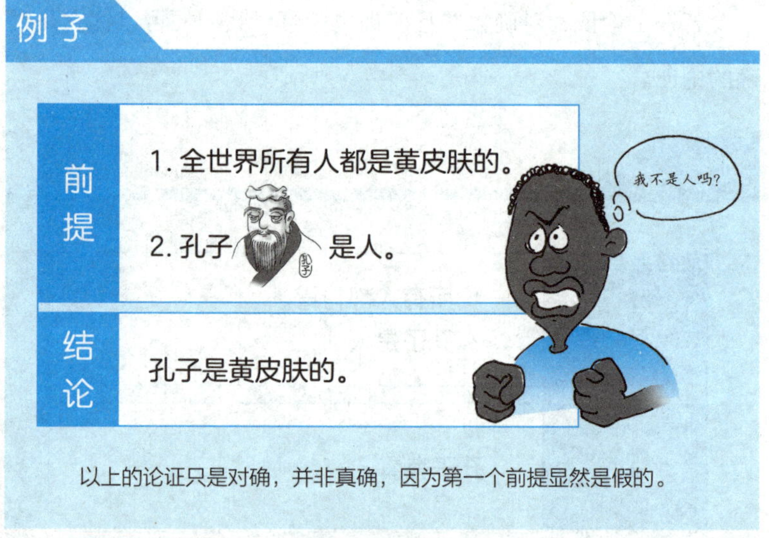

以上的论证只是对确，并非真确，因为第一个前提显然是假的。

逻辑只负责证明论证的对确性，除非前提是分析句、重言式或矛盾句，否则不负责研究前提的真假值。如果前提涉及经验的探究，那就属于科学的工作。演绎论证虽然有必然性，但结论所讲的早已包含在前提中，推论只不过是将不明显的结论显示出来，并没有增加我们的知识。

第四节　论证形式

所谓论证形式，是指将论证的内容抽掉后剩余的逻辑结构。以下是一个对确论证：

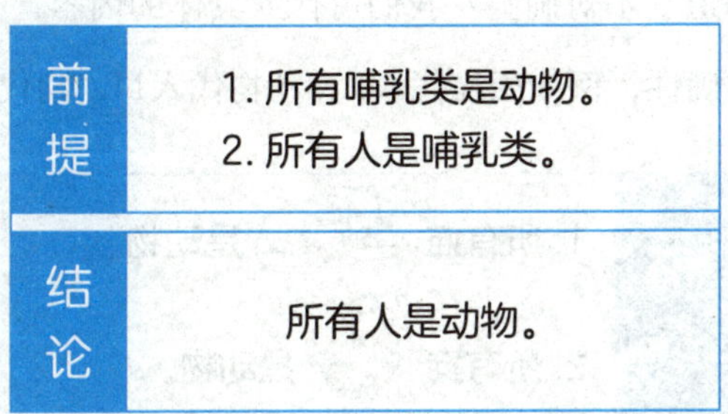

此论证之所以对确，是由于其论证形式对确。我们用S代表人，M代表哺乳类，P代表动物，便可得出以下的论证形式：

前提	1. 所有 M 是 P。 2. 所有 S 是 M。
结论	所有 S 是 P。

任何具有上述这个论证形式的论证，都是对确的。

以下的论证形式则是不对确的：

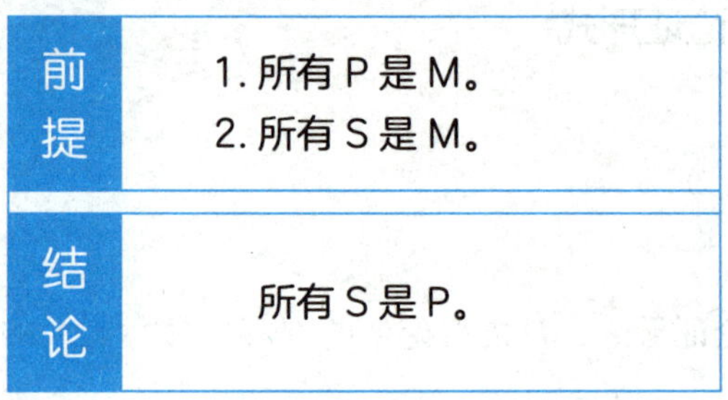

怎样知道它不对确呢？我们可代入具体的内容，去证明此论证形式的对确性，例如用猫代入P，动物代入M，狗代入S：

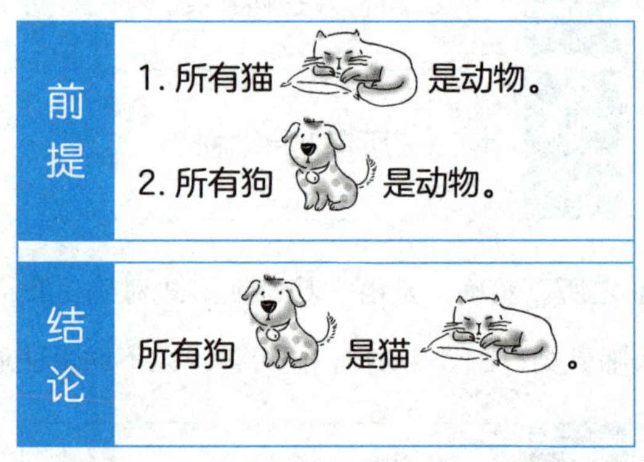

根据定义，对确论证的前提为真时，结论不可能为假，“所有狗都是猫”这个结论明显是假的，因此这个论证不对确，换言之，上述的论证形式也是不对确的。

假如我们将不对确的论证形式当成是对确，并做了错误的推论，我们便犯了形式谬误。以下的论证形式很多人都以为是对确的，其实都是不对确的：

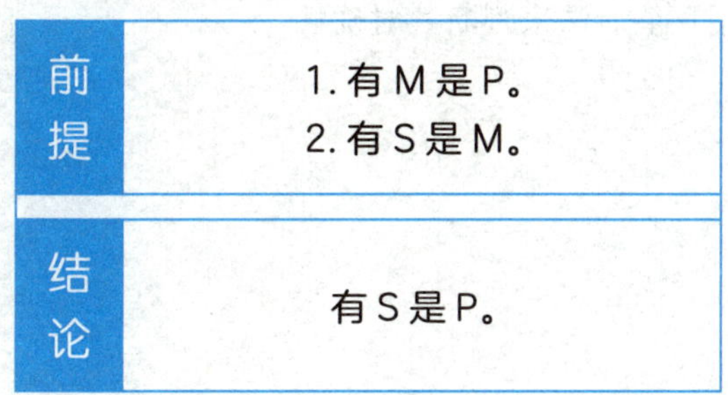

我们可以尝试再代入一些具体内容，令论证的前提为真，但结论为假，那么就可以证明此论证形式是不对确。我们可以用可爱的动物代入M，狗代入P，猫代入S：

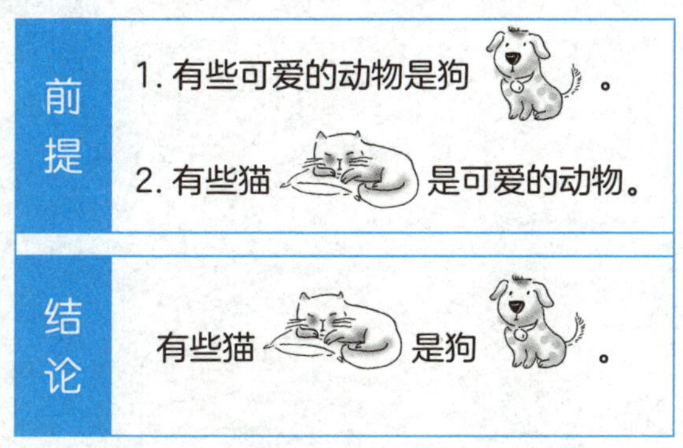

当然，用上述方法判断论证形式的对确性并不太可靠，因为我们有时会一直找不到适合的代入内容。为判断论证形式的对确性，逻辑学家找到了一些更加可靠的方法。

上述的论证形式属于定言逻辑的系统，我们可以用范氏图解法来判断其对确与否。至于在命题逻辑系统中的论证形式，我们则可用真值表法来判断其对确性。

第五节　定言逻辑

传统逻辑中的定言三段论属于定言逻辑的系统，但定言逻辑中的论证不一定是三段论。

（一）定言命题

定言逻辑系统中的论证形式由定言命题组成。定言命题有四种，分别以A、E、I、O四个英文字母为代表，我们可以用下面四角对立表来具体说明它们之间的关系。

所有、有和没有是量词。A和E是全称命题，I和O则是特称命题；A和I是肯定判断，E和O则是否定判断。综合来说，A是全称肯定，E是全称否定，I是特称肯定，O是特称否定。

S和P这两个符号代表的是语词，S是主语，P是谓语。假如A命题是“所有人是哺乳类”，那么人便是主语，哺乳类是谓语。

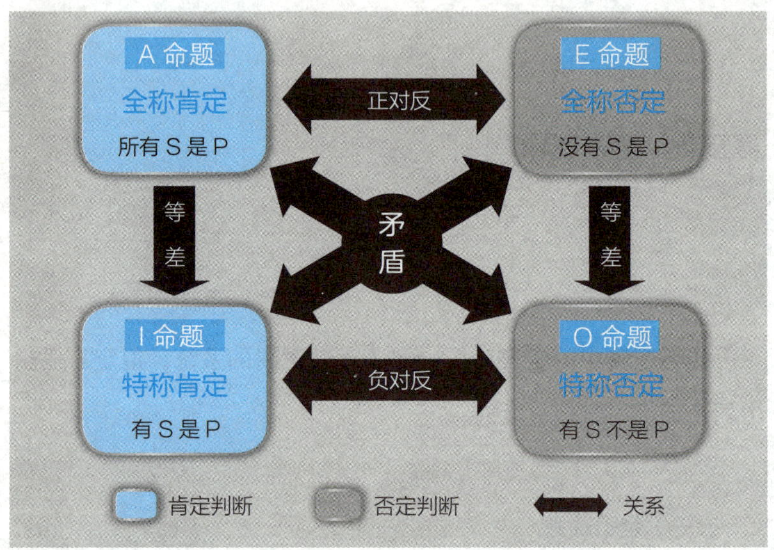

现在我们把学生代入S，把中国人代入P：

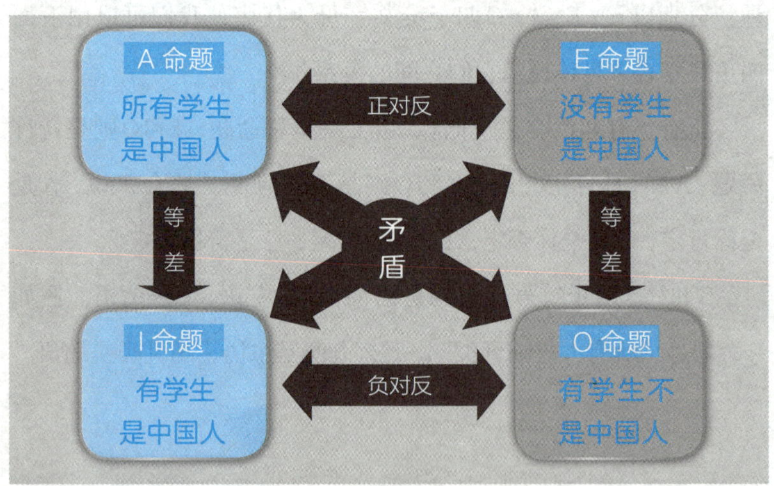

A命题和O命题的关系是矛盾的，它们不可能同时为真，也

不可能同时为假；如果A命题是真，则O命题是假，反之亦然。如果“所有学生是中国人”是真的，那么“有学生不是中国人”就一定是假。

E命题和I命题的关系也是如此。例如：“没有学生是中国人”是真的，那么“有学生是中国人”就一定是假。

A命题和E命题的关系是正对反（或称对立），它们不可能同时为真，但可同时为假。例如：“所有学生是中国人”和“没有学生是中国人”就不可能同时为真，但可同时为假。

I命题和O命题的关系则是负对反，它们不可能同时为假，却可同时为真。例如：“有学生是中国人”和“有学生不是中国人”就不可能同时为假，但可同时为真。要注意的是，I命题与O命题并非含蕴关系，“有学生是中国人”并不表示“有学生不是中国人”，因为“有”的定义是至少有一个，也有可能是全部。

A命题和I命题的关系是等差。如果A命题为真，则I命题一定为真，但反之不一定；如果I命题为假，则A命题一定为假，但反之也不一定。例如：“所有学生是中国人”是真的，那么“有学生是中国人”便一定是真的；“有学生是中国人”是假的，则“所有学生是中国人”也一定是假的。E命题和O命题也是等差关系。

要注意的是，传统观点和现代观点对A和E这两种全称命题分别有不同解释。传统观点认为全称命题要假定它们所讲的东西是存在的，这叫作存在假定，我们所用的四角对立表就是采用的传统观点来解释。然而现代观点则认为全称命题不需要存在假定，换言之A和E这两种全称命题可以讲一些不存在的东西。

（二）范氏图解法[①]

范氏图解法的特点是采用现代的观点去解释全称命题，即没有存在假定。我们也可以用这种方法来诠释上述四种定言命题，让我们先来谈谈A命题：

A：所有S是P

在上述范氏图中，斜线的部分表示不存在，因此“所有S是P”的意思是不存在属于S而不属于P的东西。

① 范氏图并没有统一的画法，这里的画法参考自：《简明逻辑学导论（第九版）》，（美）帕特里克·赫尔利，世界图书出版公司，2010。

E：没有S是P

用范氏图来代表E命题的话，S和P相交之处被斜线删去，意思就是属于S而又属于P的东西并不存在。“没有S是P”跟“没有P是S”是相等的，它们的范氏图也是一样的。

I：有S是P

I命题“有S是P”的意思是同时属于S和P的东西是存在的，划有“×”的地方则表示这个范围有东西存在，那正是S和P相交之处。“有S是P”等同于“有P是S”，因此它们的范氏图也是一样的。

O：有S不是P

O命题“有S不是P”的意思是属于S而不属于P的东西是存在的，正是“×”所标示的地方。

虽然在范氏图解法的诠释下，全称命题A和E并没有存在假定；但特称命题I和O却有存在假定，例如：“所有不及格的同学要补考”这句A命题并没有假定不及格的同学已经存在，但“有不及格的同学要补考”这句I命题则已经假定了有的同学考试不及格。

在范氏图解法的诠释下，A、E、I、O四种命题的逻辑关系就只剩下矛盾和负对反。如要维持四角对立表的其他关系，则A和E命题所讲的东西必须存在。

当A和E命题所讲的东西实际存在时，便要在各自的范氏图中用“×”号标示出存在的部分。

A：所有S是P

E：没有S是P

（三）定言三段论

顾名思义，定言三段论由三个定言命题组成，其中包括两个前提和一个结论。

我们来举一个简单的例子。

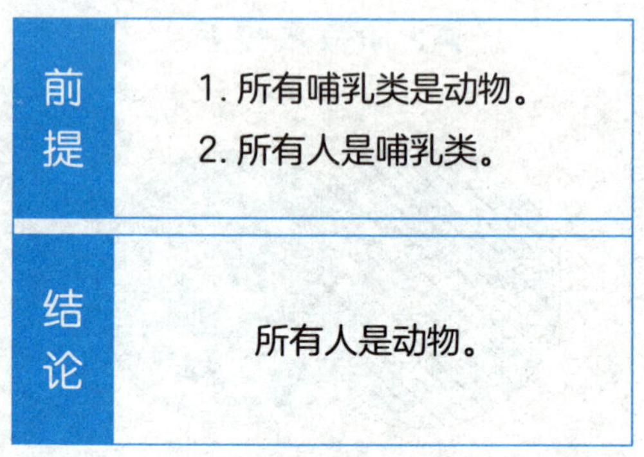

前提	1. 所有哺乳类是动物。 2. 所有人是哺乳类。
结论	所有人是动物。

在上述例子中，动物是大词，哺乳类是中词，人是小词。含有大词的前提叫大前提，含有小词的前提则叫小前提。每个词在论证中只能出现两次。

要判断上述论证是否对确，就必须找出其论证形式。我们可用M代表哺乳类，P代表动物，S代表人。

前提	大前提	所有 M 是 P。
前提	小前提	所有 S 是 M。
结论	所有 S 是 P。	

然后画两幅范氏图，一幅代表前提，另一幅代表结论。

前提的图

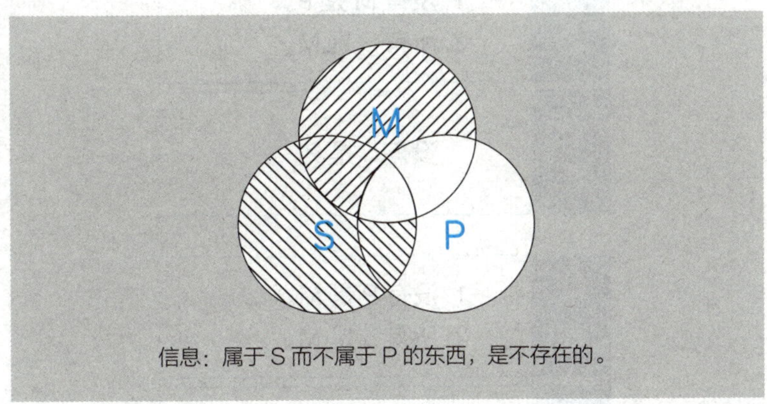

结论的图

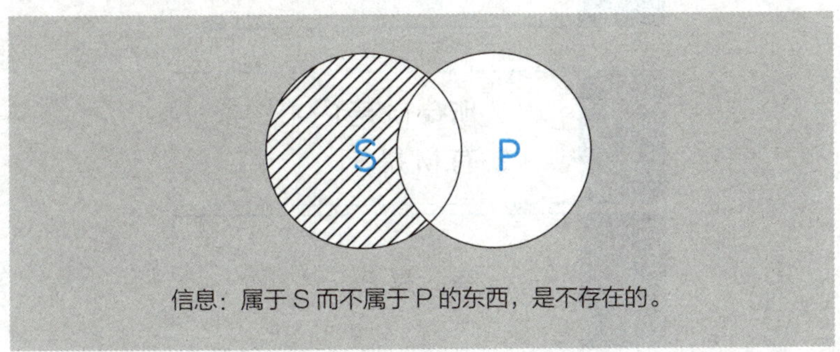

如果结论的信息都能够在前提中全部显示出来，则表示论证对确，否则就是不对确。根据以上图解，结论的信息是“属于S而不属于P的东西，是不存在的”。在前提的图中，由于P范围外的S部分已全被斜线删去，所以这个论证是对确的。

其他常见的对确论证形式还有：

前提	1. 没有M是P。 2. 所有S是M。
结论	没有S是P。

前提	1. 没有P是M。 2. 所有S是M。
结论	没有S是P。

前提	1. 所有M是P。 2. 有M是S。
结论	有S是P。

前提	1. 没有P是M。 2. 有M是S。
结论	有S不是P。

范氏图解也可用来证明论证形式的不对确，例如：

前提	大前提	所有 P 是 M。
	小前提	所有 S 是 M。
结论	所有 S 是 P。	

前提的图

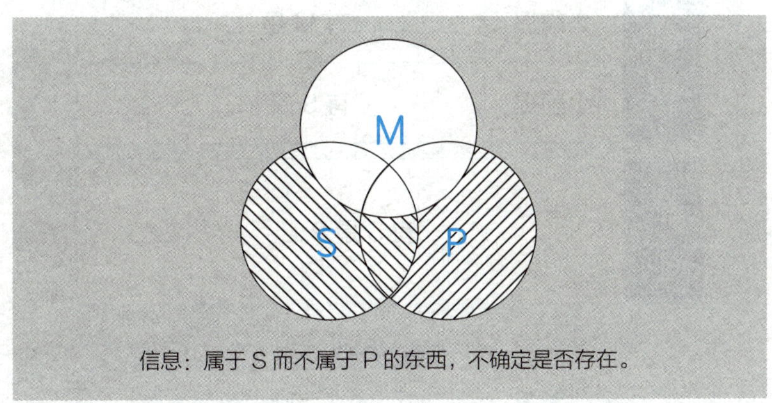

信息：属于 S 而不属于 P 的东西，不确定是否存在。

结论的图

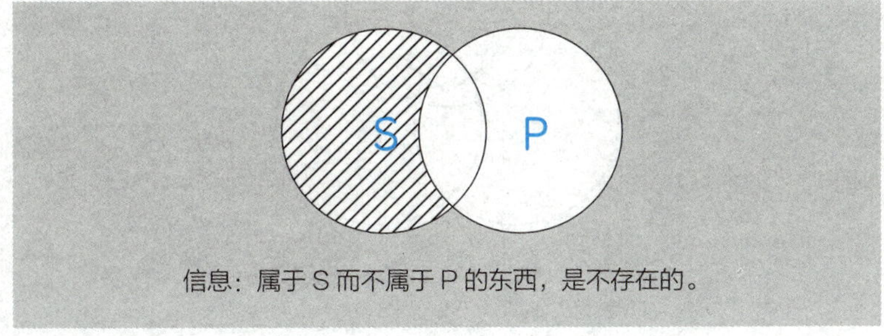

信息：属于 S 而不属于 P 的东西，是不存在的。

结论说“属于S但不属于P的东西并不存在”，但这个信息不能在前提中显示出来，因为仍有P之外的S没有被斜线删走，换言之，这个论证形式是不对确的。

例子

用范氏图解法证明以下的论证形式为不对确：

前提	大前提	有M是P。
	小前提	有S是M。
结论		有S是P。

前提的图

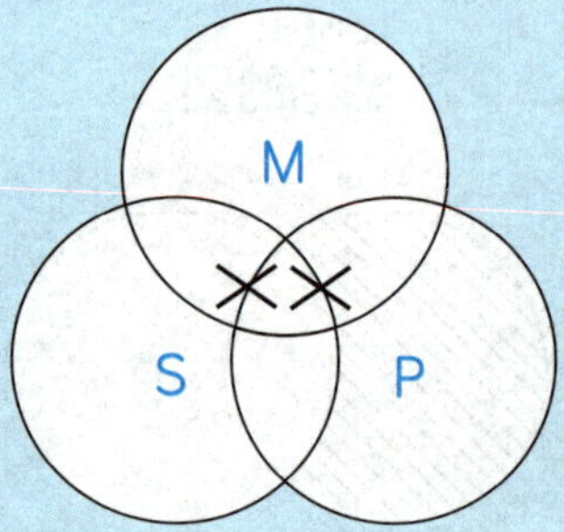

信息：属于S又属于P的东西，不确定是否存在。

（接上页）

结论的图

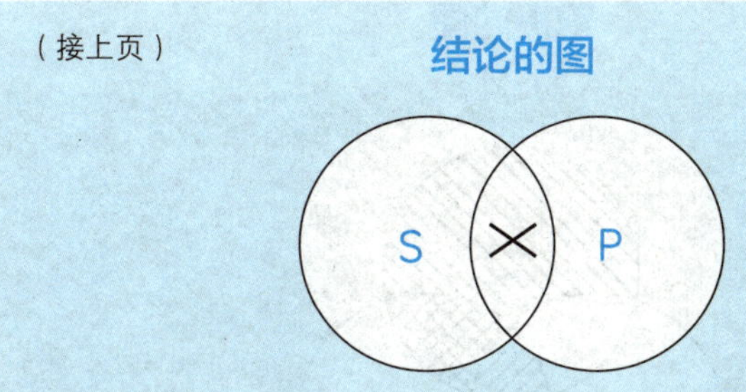

信息：属于 S 又属于 P 的东西，是确定存在的。

结论说“有东西存在于 S 和 P 相交的地方”，但在前提的图中，这个信息不能显示出来，在 S 和 P 相交的地方并没有标示“×”的符号，因此这个论证形式是不对确的。

有时我们要检查 A 命题和 E 命题所讲的东西是否存在，例如：

前提	1. 没有骗子是傻子。 2. 所有骗子是坏人。
结论	有些坏人不是傻子。

让我们用 L 代表骗子，E 代表傻子，B 代表坏人。其论证形式如下：

前提	大前提	没有 L 是 E。
	小前提	所有 L 是 B。
结论	有 B 不是 E。	

前提的图

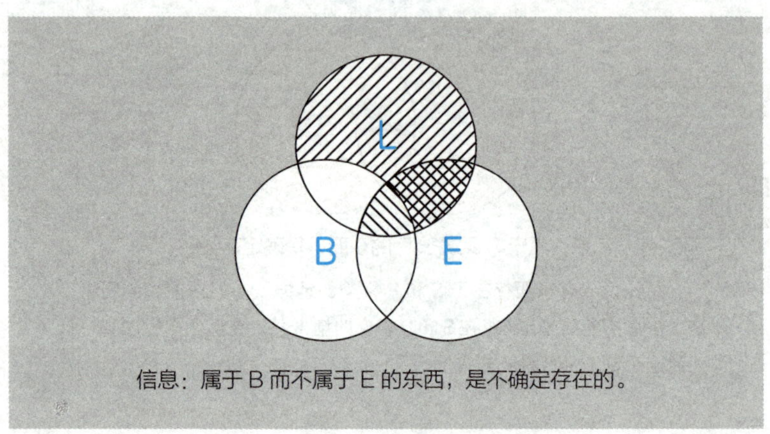

结论的图

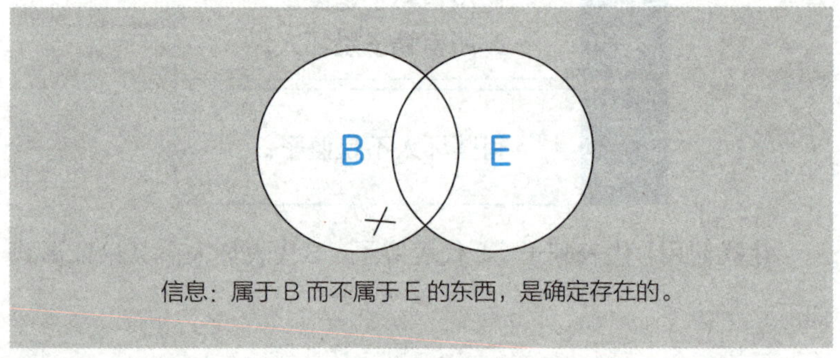

结论表示属于B但不属于E的东西，是存在的，以上关于前提的图未能显示这个信息，不过，由于坏人确实存在于这个世界，所以我们必须在前提的图中加入存在肯定的符号，以标示B实际存在。

前提的图

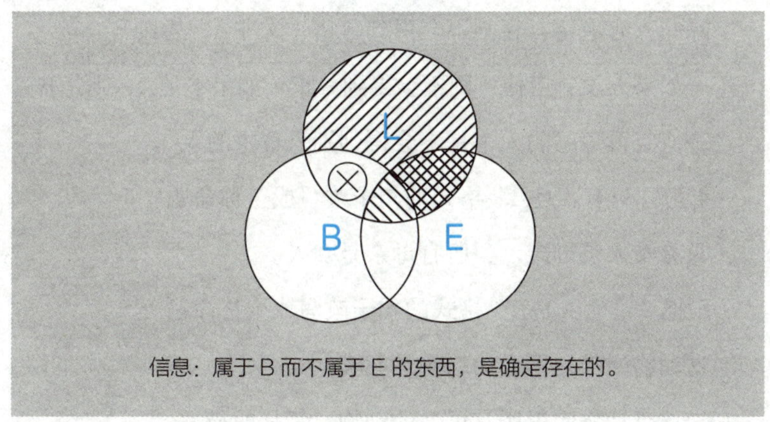

信息：属于 B 而不属于 E 的东西，是确定存在的。

结果显示这个论证是对确的。

（四）改写命题

我们平时做推论时所用的语句，很多都不符合定言命题的格式，若要用范氏图解法来判断对确性，我们就要先将这些语句改写成定言命题。以下是一些常见的例子：

1. 把单称命题改写成全称命题。

小明是学生。→所有跟小明相同的人，都是学生。

孔子不是坏人。→跟孔子不同的人是坏人。

2. 把条件命题改写成全称命题。

如果这是蛇，则是爬虫类。→所有蛇都属于爬虫类。

如果这是老鼠，则不是爬虫类。→没有老鼠属于爬虫类。

3.把“除非A，否则B”格式的句子改写成全称命题[②]。

除非人有道德，否则不会得到尊重（除非A，否则B）。

→如果人没有道德，则不会得到尊重（如果不是A，则是B）。

→所有没道德的人，是不会得到别人尊重的人[③]。

4.把“只有A是B”格式的句子改写成全称命题。

只有女人是母亲。→所有母亲是女人。

5.把“唯有A是B”格式的句子改写成全称命题。

这动物园唯一可爱的动物是熊猫。

→这个动物园里所有可爱的动物，都是熊猫。

6.把“几个A是B”格式的句子改写成“有A是B”的格式。

这几个消防员是英雄。→有消防员是英雄。

7.把“所有A是非B”格式的句子改写成“没有A是B”的格式。

所有人是非爬虫类。→没有人是爬虫类。

其他例子还有把“有A是非B”改写成“有A不是B”；把“没有A是非B”改写成“所有A是B”；“有A不是非B”改写成“有A是B”等。

---

② 先把“除非A，否则B”格式的句子，改写成“如果不是A，则是B”的格式，再改写成全称命题。

③ 这句话也可理解为“所有得到尊重的人，都是有道德的人”。

（五）本体论论证

西方传统神学有所谓“上帝存在”的论证，其中有一个是本体论论证：

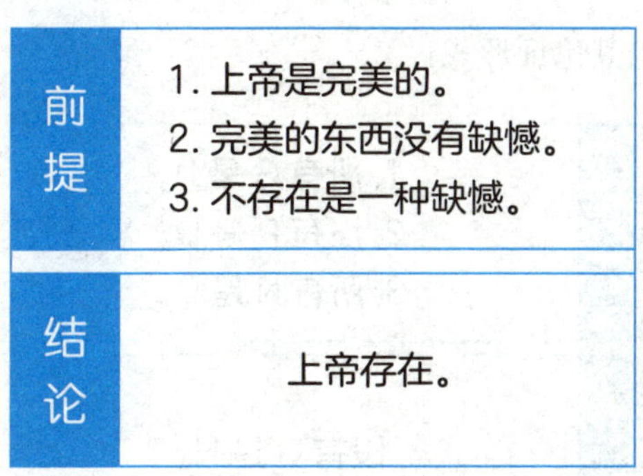

我们可以由“上帝是完美的”和“完美的东西没有缺憾”这两个前提，得出“上帝没有缺憾”的中途结论，再加上第三个前提“不存在是一种缺憾”，我们便能推论出“上帝不会不存在”的结论。上帝不会不存在，即上帝存在。

要严格证明这个论证的对确性，就要使用范氏图解法。我们先把前提和结论改写成定言命题：

前提

1. 上帝是完美的。
→所有跟上帝相同的东西，是完美的东西。
2. 完美的东西没有缺憾。
→不完美的东西，是有缺憾的东西。
3. 不存在是一种缺憾。
→所有不存在的东西，是有缺憾的东西。

（接上页，续表）

结论	上帝存在。 →没有跟上帝相同的东西，是不存在的东西。

然后找出其论证形式：

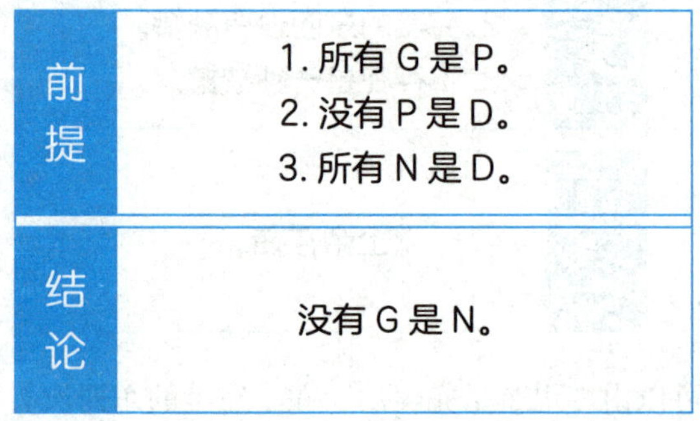

前提	1. 所有 G 是 P。 2. 没有 P 是 D。 3. 所有 N 是 D。
结论	没有 G 是 N。

G ＝跟上帝相同的东西　　P ＝完美的东西

D ＝有缺憾的东西　　N ＝不存在的东西

这个论证由两个定言三段论所组成，以下是第一组定言三段论：

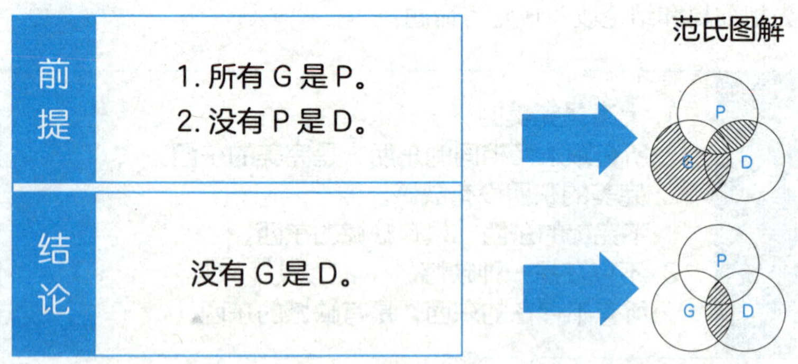

前提	1. 所有 G 是 P。 2. 没有 P 是 D。
结论	没有 G 是 D。

中途结论表示没有东西存在于G和D相交的地方，这个信息在前提中可以找到，所以论证是对确的。

以下是第二组定言三段论：

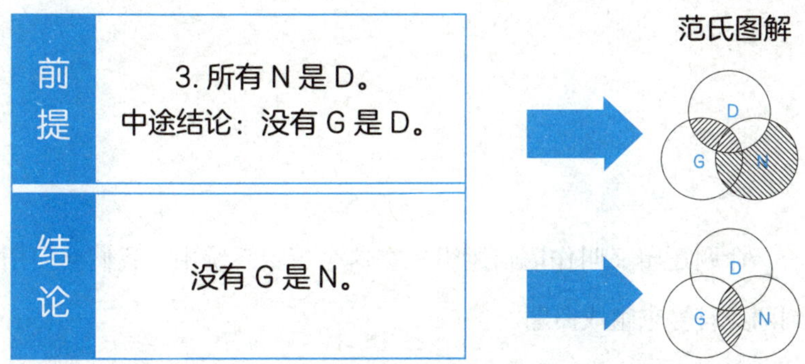

最终的结论表示没有东西存在于G和N相交的地方，这个信息在前提中可以找到，因此这个本体论论证是对确的。但要留意的是对确不等同于真确，事实上这个论证也不真确，因为第三个前提（不存在是一种缺憾）并不成立，所以这句话根本就没有意义。

我们甚至可以从一开始便把这个论证理解为不对确，因为第三个前提“不存在是一种缺憾”其实是伪冒命题，由于前提必须是命题，所以“不存在是一种缺憾”根本没有资格作为前提。少了一个前提，整个论证自然就为不对确。

第六节　命题逻辑

（一）逻辑连词

命题逻辑又叫作语句逻辑。在这个逻辑系统中，我们会使用到两类符号来组成命题。

第一类是语句符号（英文字母A、B、C、D……），用作代表语句（在定向逻辑中，这些符号用来代表语辞）。

第二类是逻辑连词，用来连接语句。如果一个命题仅有语句符号（例如A），便叫作简单命题。

如果一个命题由语句符号及逻辑连词组合而成（例如～A），则叫作复合命题。

常见的逻辑连词有五个，分别是：

1.~

类似非或不是的意思。假设A代表天下雨，那么～A就是天不下雨的意思。～A又叫否定句。

2.·

类似并且的意思。假设B和C分别代表我喜欢哲学和我喜欢艺术，那么B·C的意思就是我喜欢哲学，并且我喜欢艺术。B·C格式的命题叫作连言句。

3.∨

类似或者[①]的意思。假设D代表我会读哲学，E代表我会读艺术，那么D∨E就是我会读哲学或者我会读艺术。D∨E格式的命题叫作选言句。

4.⊃

类似我们平时讲“如果……则……”的意思。假设F代表天下雨，G代表地面湿滑，F⊃G就是“如果天下雨，则地面湿滑”的意思。F⊃G格式的命题叫作条件句。

5.≡

这个符号的意思是当且仅当（if and only if），比较难明白，但我们可以用条件句来理解≡的意思。假设H代表我领到薪酬，I代表我请你吃饭，那么H≡I就等同于（H⊃I）·（I⊃H），即表示：如果我领到薪酬，则会请你吃饭；并且，如果我请你吃饭，则表示我已领到薪酬。H≡I格式的命题叫作双向条件句。

---

① 在日常语言中，或的意思可以有排斥性或不排斥性。例如：“你点的咖啡要糖或奶呢？”这句话中，“或”字具有不排斥性，即表示你可以既要糖，又要奶；但在“你明天早上9时会在香港岛或九龙？”这句话中的“或”字则具排斥性，因为如果你在香港岛的话，就不可能同一时间在九龙。在命题逻辑中使用v时，则具有不排斥性。

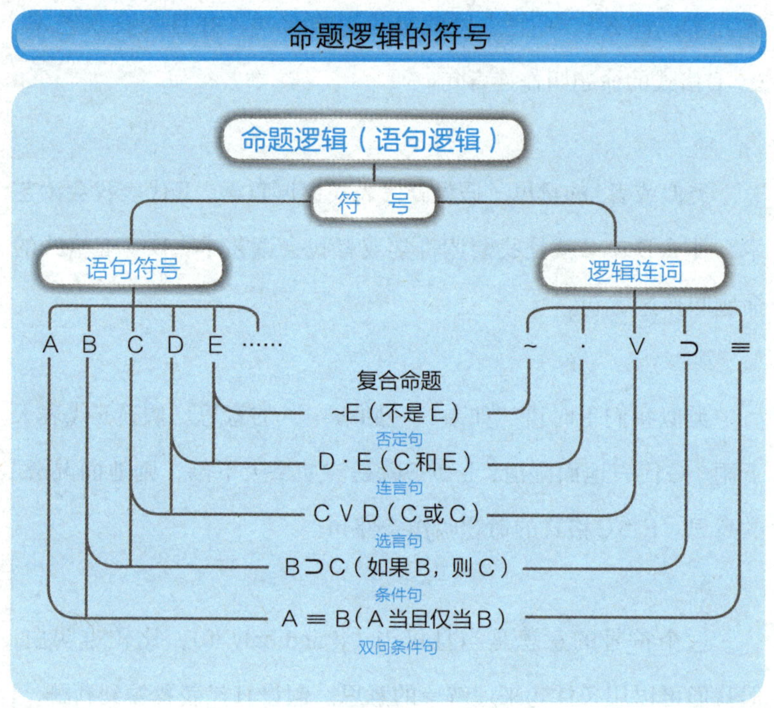

（二）真值表[②]

在命题逻辑系统中，语句的值只能是真或假，是真就不是假，反之亦然。我们可以利用真值表，去进一步了解否定句、连言句、选言句、条件句、双向条件句在不同情况下的真假值。

---

② 真值表并没有统一的画法，这里的画法参考自：《简明逻辑学导论（第九版）》，（美）帕特里克·赫尔利，世界图书出版公司，2010。

在下列真值表中，p和q代表任何语句（或命题），T表示真值，F则代表假值。

含有～（非，不是）的否定句

命题	p	～p（否定句）
真假值	T	F
	F	T

假如p代表是真的，那么～p就代表是假的；假如p代表是假的，那么～p就代表是真的。

含有·（并且）的连言句

命题	p	q	p·q（连言句）
真假值	T	T	T
	T	F	F
	F	T	F
	F	F	F

只有p和q都是真时，p·q才是真的，在其他情况下p·q都是假的。

含有∨（或者）的选言句

命题	p	q	p∨q（选言句）
真假值	T	T	T
	T	F	T
	F	T	T
	F	F	F

p或q只要有任何一方是真的，p∨q就是真的，只有当p和q都是假的时候，p∨q才是假的。

含有⊃（如果……则……）的条件句

命题	p	q	p⊃q（条件句）
真假值	T	T	T
	T	F	F
	F	T	T
	F	F	T

只有在p是真而q是假的情况下，p⊃q才是假的，其他情况下p⊃q都是真的。

含有≡（当且仅当）的双向条件句

命题	p	q	p≡q（双向条件句）
真假值	T	T	T
	T	F	F
	F	T	F
	F	F	T

≡有等值的意思，只有当p和q的真假值完全相同（一同是真，或一同是假）的时候，p≡q才是真的。

（三）命题真值表

真值表有很多用途，其中之一就是用来计算复合命题的真假值。

例子

假设A和B是真，C是假，那么（A⊃B）·（B∨C）的真假值是什么？

第一步：

把复合命题写下来，填上A、B、C的真价值。

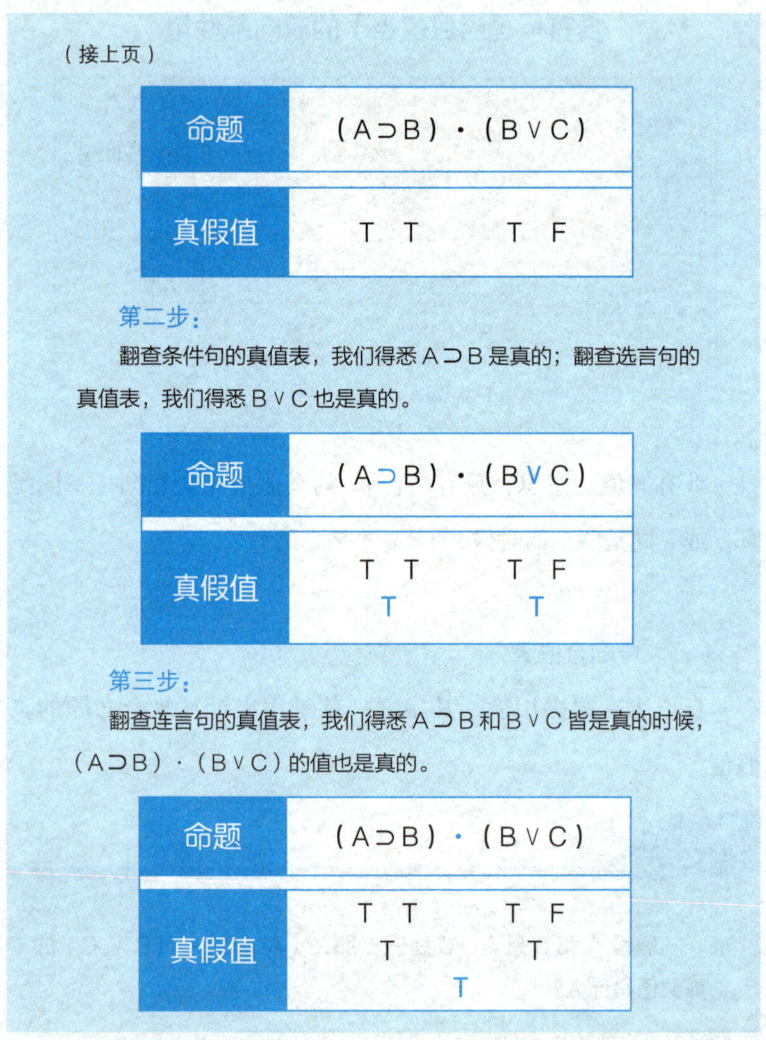

（接上页）

命题	（A ⊃ B）·（B ∨ C）
真假值	T T　T F

第二步：

翻查条件句的真值表，我们得悉 A ⊃ B 是真的；翻查选言句的真值表，我们得悉 B ∨ C 也是真的。

命题	（A ⊃ B）·（B ∨ C）
真假值	T T　T F T　T

第三步：

翻查连言句的真值表，我们得悉 A ⊃ B 和 B ∨ C 皆是真的时候，（A ⊃ B）·（B ∨ C）的值也是真的。

命题	（A ⊃ B）·（B ∨ C）
真假值	T T　T F T　T T

真值表也可以显示命题的特性。如果一个命题在所有情况下都是真的，便是重言式。

例子

[（A ∨ B）·~B]⊃A 是不是重言式?

第一步：

为 [（A ∨ B）·~B]⊃A 填写真值表。由于此复合命题仅由两个简单命题 A 和 B 组成，所以可能出现的真假值组合便有四个。

命题	[（A	∨	B）·	~B]	⊃	A
真假值	T		T	T		T
	T		F	F		T
	F		T	T		F
	F		F	F		F

第二步：

根据否定句的真值表，得出 ~B 的值。

命题	[（A	∨	B）·	~B]	⊃	A
真假值	T		T	FT		T
	T		F	TF		T
	F		T	FT		F
	F		F	TF		F

第三步：

根据选言句的真值表，得出 A ∨ B 的值。

（接上页）

命题	[(A	∨	B)	·	~	B]	⊃	A
真假值	T	T	T		F	T		T
	T	T	F		T	F		T
	F	T	T		F	T		F
	F	F	F		T	F		F

第四步：

根据连言句的真值表，得出（A∨B）·~B 的值。

命题	[(A	∨	B)	·	~	B]	⊃	A
真假值	T	T	T	F	F	T		T
	T	T	F	T	T	F		T
	F	T	T	F	F	T		F
	F	F	F	F	T	F		F

第五步：

根据条件句的真值表，计算出[（A∨B）·~B]⊃A 的值。

命题	[(A	∨	B)	·	~	B]	⊃	A
真假值	T	T	T	F	F	T	T	T
	T	T	F	T	T	F	T	T
	F	T	T	F	F	T	T	F
	F	F	F	F	T	F	T	F

根据以上的真值表，[（A∨B）·~B]⊃A 在任何情况下都是真的，因此是重言式。

如果一个命题在所有情况下都是假的，便是矛盾句。

例子

命题	(A ∨ B) ≡ (~A · ~B)
真假值	T T T F FT F FT T T F F FT F TF F T T F TF F FT F F F F TF T TF

(A ∨ B) ≡ (~A · ~B) 在所有情况下都是假的，因此是矛盾句。

要注意的是，重言式并不等于第一章所讲的分析真句，而矛盾句也不等于分析假句。

重言式和矛盾句都是由命题的形式所决定的，例如："A或者非A"便是重言式，而"A并且非A"则是矛盾句。至于分析句，就必须透过分析句子的意义来判定，例如：我们分析"妈妈是女人"这个句子后，发现妈妈包含了女人的意思，所以这句话必然为真，是分析真句，但不算是重言式。当然，重言式也必然为真，我们也可以将重言式和矛盾句归类为分析句。

如果一个命题至少在一种情况下为真，又至少在一种情况下为假，便是偶真句。

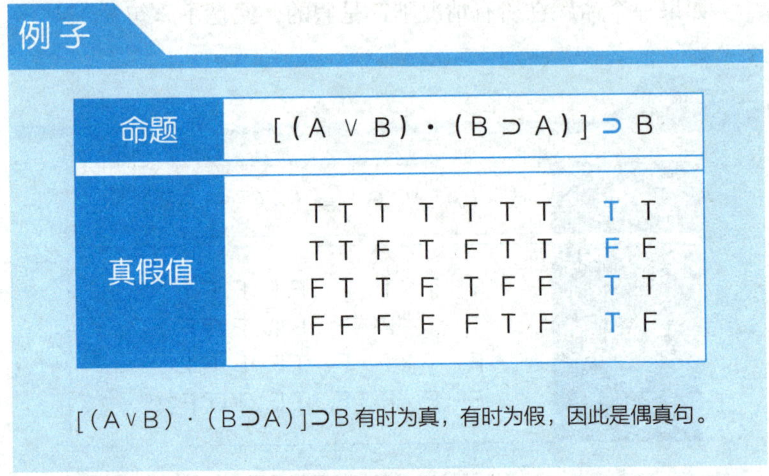

例子

命题	[(A	∨	B)	·	(B	⊃	A)]	⊃	B
真假值	T	T	T	T	T	T	T	T	T
	T	T	F	T	F	T	T	F	F
	F	T	T	F	T	F	F	T	T
	F	F	F	F	F	T	F	T	F

[(A∨B)·(B⊃A)]⊃B 有时为真，有时为假，因此是偶真句。

真值表又可以用来显示两个命题之间的关系。如果在所有情况下，两个命题的真假值都是一样的，这种关系叫作等值。

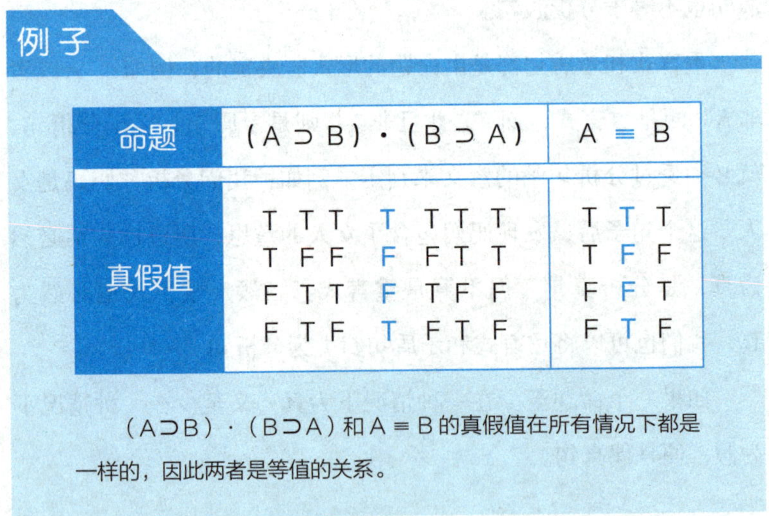

例子

命题	(A	⊃	B)	·	(B	⊃	A)	A	≡	B
真假值	T	T	T	T	T	T	T	T	T	T
	T	F	F	F	F	T	T	T	F	F
	F	T	T	F	T	F	F	F	F	T
	F	T	F	T	F	T	F	F	T	F

（A⊃B）·（B⊃A）和 A ≡ B 的真假值在所有情况下都是一样的，因此两者是等值的关系。

如果在所有情况下，两个命题的真假值都是相反的，它们的关系就叫作互相矛盾。

例子

命题	A ⊃ B	A · ~B
真假值	T T T	T F F T
	T F F	T T T F
	F T T	F F F T
	F T F	F F T F

A⊃B 和 A·~B 的真假值在所有情况下都是相反的，因此两者是互相矛盾的关系。

如果在至少一种情况下，两个命题同时为真，它们的关系叫作一致。

例子

命题	A ∨ B	A · B
真假值	T T T	T T T
	T T F	T F F
	F T T	F F T
	F F F	F F F

A∨B 和 A·B 的真假值在有些情况下同为真，因此两者是一致的关系。

如果在所有情况下，两个命题都不可能同时为真，它们的关系就叫作不一致。

例子

命题	A ≡ B	A ·~ B
真假值	T T T T F F F F T F T F	T F F T T T T F F F F T F F T F

A ≡ B和A·~B的真假值在所有情况下都不可能同时为真，因此两者是不一致的关系。要注意的是，如果两个命题是矛盾的关系，则一定也是不一致，但不一致却不一定是矛盾的关系。

命题真值表的功能

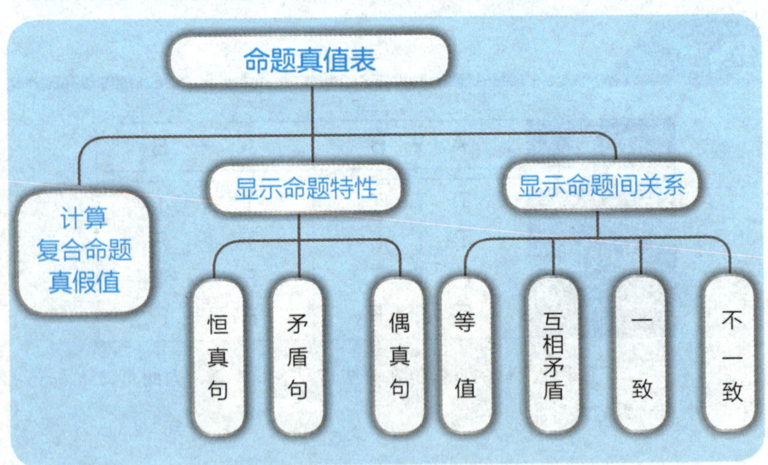

（四）论证真值表

我们可以运用真值表，来判定一个论证的对确性。

例子

请判断以下论证的对确性。

前　提	1. 如果天正下雨，则地面会湿滑。 2. 天正下雨。
结　论	地面湿滑。

第一步：

先用 A 代表天正下雨，B 代表地面湿滑，得出以下论证形式。

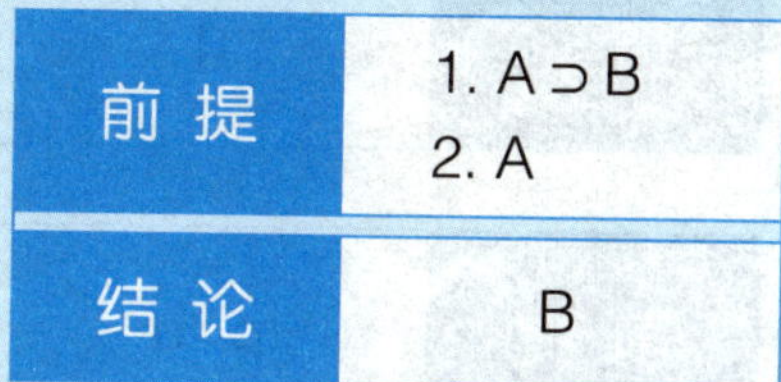

前　提	1. A ⊃ B 2. A
结　论	B

第二步：

用真值表把不同情况的真假值计算出来。

命题	前提		结论
	A ⊃ B	A	B
真假值	T T T	T	T
	T F F	T	F
	F T T	F	T
	F T F	F	F

（接上页）

第三步：

根据定义，对确论证不可能前提真而结论假。如果有任何一行是前提全部真而结论假，就是不对确，没有的话，就是对确。从以上的真值表可见，没有任何一行是前提全部真而结论假，因此这个论证是对确的，换言之有 A 就一定有 B，A 是 B 的充分条件。

其他常见的对确论证形式还有：

前提	1. $p \vee q$ 2. $\sim p$
结论	q

前提	$p \cdot q$
结论	p

前提	$\sim\sim p$
结论	p

例子

请判断以下论证的对确性。

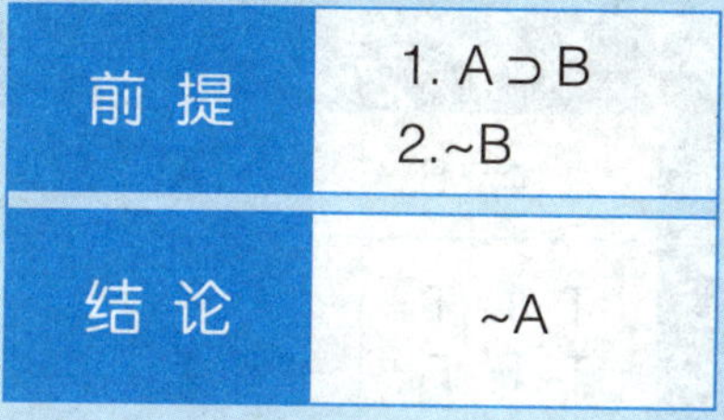

前提	1. A ⊃ B 2.~B
结论	~A

首先用真值表把不同情况的真假值计算出来。

命题	前提		结论
	A ⊃ B	~ B	~ A
真假值	T T T	F T	F T
	T F F	T F	F T
	F T T	F T	T F
	F T F	T F	T F

由于没有任何一行是全部前提为真而结论为假，所以这个论证形式是对确的。没有 B 就一定没有 A，由此可见，B 是 A 的必要条件。

否定前项的谬误是一种常见的谬误，其论证形式如下：

前提	1. A ⊃ B 2.~A
结论	~B

在A ⊃ B这个条件句中，A是前项，B是后项。我们可以用真值表来了解为什么否定前项的谬误是不对确的：

命题	前提		结论
	A ⊃ B	~ A	~ B
真假值	T T T T F F	F T F T	F T T F
	F T T	T F	F T
	F T F	T F	T F

表中第三行显示，在前提皆为真的情况下，结论有可能是假，因此这个论证形式是不对确的。

肯定后项的谬误是另一种常见的谬误，其论证形式如下：

前 提	1. A ⊃ B 2. B
结 论	A

我们也可以用真值表来了解为什么肯定后项的谬误并不对确。

命题	前提		结论
	A ⊃ B	B	A
真假值	T T T T F F	T F	T T
	F T T	T	F
	F T F	F	F

表中第三行显示，在前提皆为真的情况下，结论可能为假，因此这个论证形式也是不对确的。

（五）间接真值表

有时我们会遇上一些很复杂的论证形式，例如：

前提	1. A ⊃ B 2. B ⊃ C 3. C ⊃ D 4.~D
结论	~A

若用真值表去证明它的对确性，就需要计算16个真假值的不同组合，这会花很多时间，此时我们可以用间接真值表这种比较快捷的方法来证明。

间接真值表是归谬法的一种应用，首先假定论证为不对确，然后再做推论。如果得出自相矛盾的结论，就能够反证此论证是对确的；如果没有矛盾出现的话，则原先的假定成立，证明此论证是不对确的。

返回上述复杂的论证形式。我们可以先假设此论证不对确，即有可能全部前提为真，而结论为假：

命题	前提				结论
	A ⊃ B	B ⊃ C	C ⊃ D	~D	~A
假设的真假值	T	T	T	T	F

然后我们便能逐步计算出A、B、C、D的真假值：

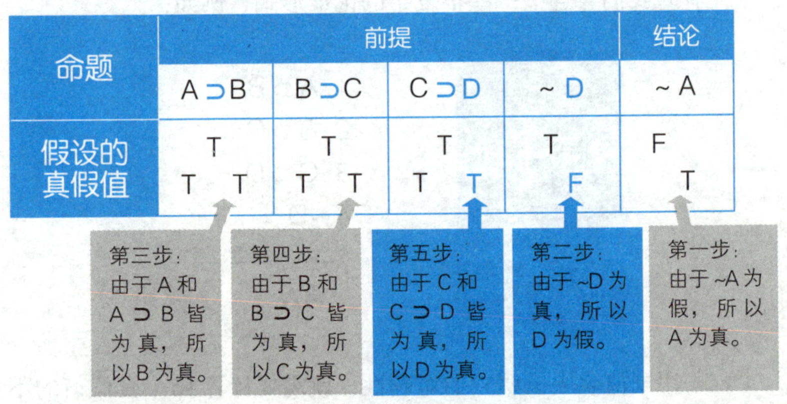

命题	前提				结论
	A ⊃ B	B ⊃ C	C ⊃ D	~ D	~ A
假设的真假值	T T T	T T T	T T T	T F	F T

到最后我们计算出D既真且假，即自相矛盾，所以原先的假设不成立，这个论证不是不对确，而是对确。

我们也可以用间接真值表来证明命题之间的一致性。

例子

证明 A ∨ B、C ⊃ ~B、~A、B ⊃ (C ∨ A) 之间的一致性。

第一步：

假设这四个命题是一致的，就有可能同时为真。

命题	A∨B	C⊃~B	~A	B⊃（ C∨A ）
假设的真假值	T	T	T	T

第二步：

计算出 A、B、C 的真假值。若出现自相矛盾，即表示原先的假设是错的，这组命题是不一致的；没有矛盾的话，即表示原先的假设是对的，这组命题是一致的。

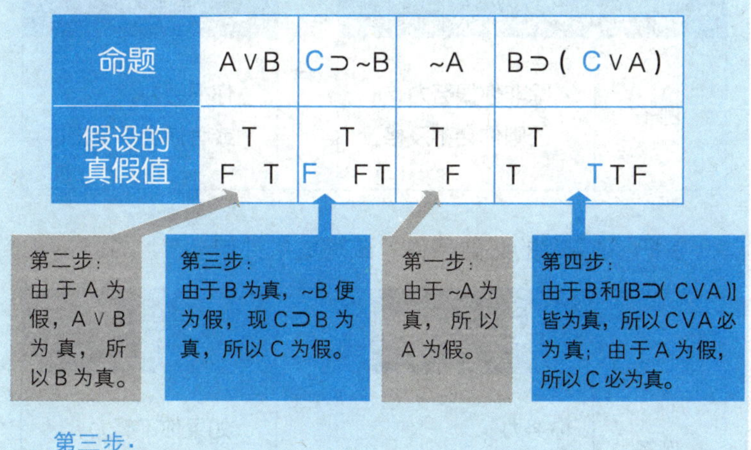

命题	A∨B	C⊃~B	~A	B⊃（ C∨A ）
假设的真假值	T F T	T F FT	T F	T T TTF

第三步：

由于我们计算出 C 既真且假，即自相矛盾，所以这组命题的关系是不一致。

（六）重写命题

我们平时所说的话，有很多话并不符合命题逻辑的格式，因此我们做命题逻辑论证时，很多时候都需要重写命题：

1.把“虽然A但B”改写成连言句。

格式	虽然A但B		A·B
例子	虽然他很聪明， 但他不喜欢读书。	→	他很聪明， 并且他不喜欢读书。

2.把“除非A否则B”改写成选言句。

格式	除非A，否则B		A∨B
例子	除非你很努力， 否则你会不及格。	→	你很努力， 或者你会不及格。

3.把“A是B的必要条件”改写成条件句。

格式	A是B的必要条件		$\sim A \supset \sim B$
例子	你努力， 是你成功的必要条件。	→	如果你不努力， 则你会不成功。

4.把“A是B的充分条件”改写成条件句。

格式	A是B的充分条件	→	A ⊃ B
例子	天下雨是地面湿滑的充分条件。		如果天下雨，则地面会湿滑。

（七）如何对付两难论证?

以下是一个两难论证：

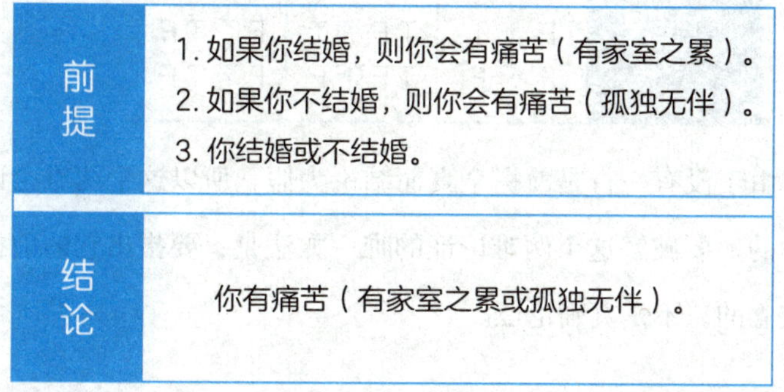

前提	1. 如果你结婚，则你会有痛苦（有家室之累）。 2. 如果你不结婚，则你会有痛苦（孤独无伴）。 3. 你结婚或不结婚。
结论	你有痛苦（有家室之累或孤独无伴）。

我们可以用A代表你结婚，B代表你有痛苦，其论证形式如下所示：

前提	1. $A \supset B$ 2. $\sim A \supset B$ 3. $A \vee \sim A$

（接上页，续表）

结论	B

我们可以用真值表判断其对确性：

命题	前提			结论
	A ⊃ B	~ A ⊃ B	A ∨ ~ A	B
真假值	T T T T F F F T T F T F	FT TT FT TF TF TT TF FF	T T FT T T FT F T TF F T TF	T F T F

由于没有一行是前提全真而结论为假，所以这个两难论证是对确的。要破解这个两难论证的唯一方法是，要指出它的前提是不成立的，不是真确论证。

第七节　小结

用范氏图解法和真值表证明一个论证的对确性，需要较复杂的方法，一般初学者可能不容易掌握，但不要紧，最重要的是明白对确这个概念，知道什么是必然性的推论（如果前提为真，结论必然为真）。当我们辨认出一个论证的形式不对确时，便可以不去理会其内容，就知道推论是错的。

其实在我们日常思考中，很少会用到这两种方法，我们往往单凭直觉，就可以判断大部分常用的对确论证形式，但也要小心那些容易误导我们的谬误，如肯定后项和否定前项，以免把不对确的论证误以为是对确的。

在命题逻辑中，条件句A⊃B最容易让人感到困惑。让我们重温一下有关它的真值表。

假设有人表示："如果太阳由东方升起，则雪是白色的。"虽然我们会质疑前项和后项根本没有因果关系，但是根据其真值表，前项和后项皆为真，这句话便是真的，为什么会这样呢？

命题	p（前项）	q（后项）	p⊃q（条件句）
真假值	T	T	T
	T	F	F
	F	T	T
	F	F	T

其实在命题逻辑中，条件句的用法跟我们日常的用法并不完全相同，真值表仅能反映条件句的真假值，不能反映句中的因果关系是否成立。

换言之，“如果太阳由东方升起，则雪是白色的”这句话虽然为真，但并不表示其前项和后项有因果关系，因此我们不能把这句话理解成“因为太阳由东方升起，所以雪是白色的”。

让我们多举一个例子：“如果太阳由西方升起，则雪是黑色的”，虽然这句话的前项和后项都是假，但根据条件句的真值表，这句话却是真的，为什么呢？

有人可能认为，我们平时根本不会讲（自认为）没有因果关系的条件句，但这可能不是事实，例如，俗语“男人靠得住，母猪会上树”就是条件句。此句中的前项和后项显然没有因果关系，但我们都明白这句话想表示的结论并非母猪会上树，而是男人靠不住。其实“男人靠得住，母猪会上树”只是男人靠得住的其中一个前提，另一个前提是隐藏的，就是母猪会上树，论证如下：

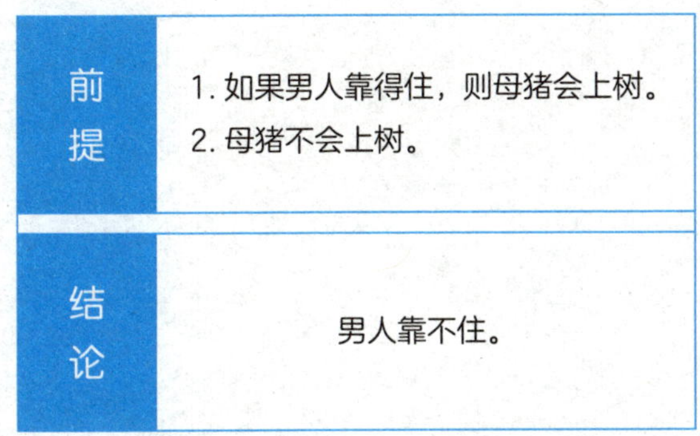

让我们用A代表男人靠得住，B代表母猪会上树，其论证形式如下：

前提	1. $A \supset B$ 2. $\sim B$
结论	$\sim A$

根据条件句的真值表，这个论证是对确的。

第四章

科学方法

Scientific approach

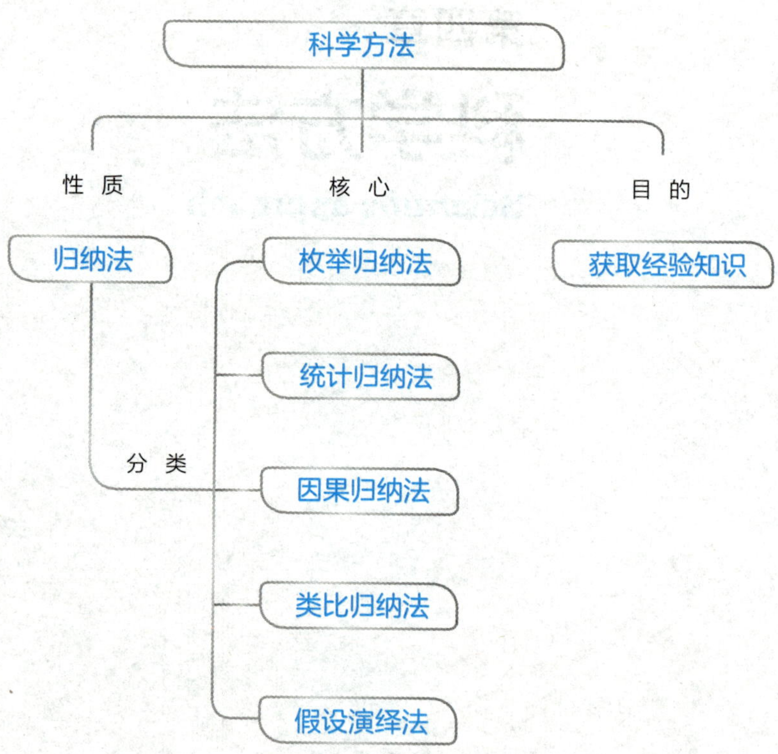
科学方法
性 质
核 心
目 的
归纳法
枚举归纳法
统计归纳法
因果归纳法
类比归纳法
假设演绎法
分 类
获取经验知识

第一节　归纳法的特性

归纳法能为我们带来知识，那么是哪一种知识呢？

我们一般靠检证事实来获得知识，例如：我知道香港中文大学有三个足球场，便是靠我去过香港中文大学，看到有三个足球场，而获得的知识。

可是，如果我们单靠检证事实去获得知识，那么我们能够知道的东西就会很少。例如：我只能知道今天太阳由东边升起，因为我们看见今天太阳由东边升起，但是明天是否也一样呢？单靠检证事实的话，我不能知道答案，因为现在的我不能检证明天的事实。

只知道个别事件是无法有效预测将来的，要预测将来要发生的事，我们就必须建立具有普遍性的知识，例如：太阳每天都由东边升起，所有人都会死，盐（氯化钠）会溶于水，金属是导电体，等等。

具有普遍性的知识得靠归纳法建立起来，因此归纳法在提供知识方面，占据很重要的位置。

本书的第一章已简单指出归纳论证和演绎论证的主要分别，至于详细的区别则如下：

1.演绎论证具有必然性，而归纳论证只具有盖然性。

2.从演绎论证的角度来看，所有归纳论证都是不对确的，因为即使前提全部都是真，结论仍有可能是假。归纳论证的不对确正是其特性，但这并不是它的缺点，因为只有这样，我们才能由已知推论出未知，从而增加我们的知识。

3.演绎论证虽然具有必然性，但结论其实早已包含在前提之中，演绎论证只是把不明显的结论显示出来，却不能产生新知识。

4.在演绎论证中，正确的推论叫对确，错误的推论叫不对确。对确和不对确是截然二分的。但在归纳论证中，论证并非全然以对确和不对确来划分，用强和弱来形容会比较恰当。如果前提对结论有充分的支持，就是强的论证，反之就是弱的论证。当然，充分和不充分并不是截然二分的，强弱之间也有不同的程度。须注意归纳论证中前提的真假跟论证的强弱并没有直接关系，我们只是假设前提为真，然后看它对结论的支持到底有多大。若强的归纳论证的前提为真，则称为有说服力的论证。

对演绎论证与归纳论证的误解

误解一：归纳论证只能由个别推论出普遍?

解答：归纳论证也可由普遍推论出个别，例子如下：

前提	1. 大多数末期肺癌患者活不过三年。 2.A 先生是末期肺癌患者。
结论	A 先生活不过三年。

误解二：演绎论证只能由普遍推论出个别?

解答一：演绎论证也可由个别推论出普遍，例子如下：

前提	1. 甲班学生 A 是中国人。 2. 甲班学生 B 是中国人。 3. 甲班学生 C 是中国人。 4. 甲班只有 3 个学生。
结论	甲班所有学生都是中国人。

（接上页）

解答二：演绎论证也可由个别推论出个别，例子如下：

前提	1. 张三的年纪比李四大。 2. 李四的年纪比王五大。
结论	张三的年纪比王五大。

对演绎论证与归纳论证的分别

	演绎论证	归纳论证
性　　质	具有必然性	具有盖然性
分　　类	对确或不对确	由强至弱，有不同程度之分
判断标准	论证形式	论证内容

5.在演绎论证中，论证的对确性取决于其论证形式，跟具体内容无关。但在归纳论证中，论证的强弱取决于论证的内容，跟论证形式无关。

第二节　归纳法的分类

（一）枚举归纳法

在有限的个例中，我们可以观察其性质，然后推论出全体也具有相同的性质，这就是枚举归纳法。

例子

前提	1. 孔子死了。 2. 庄子死了。 3. 墨子死了。 …… 我们观察到以往的人都死了。
结论	所有人（包括现在未死的人和将来的人）都会死。

我们观察到以往的人最终都死了，因此得出所有人都会死的结论。由于结论的信息（所有人都会死）比前提（以往的人已死）多，所以这个归纳论证为我们提供了更多的知识。

不过，归纳推论并没有必然性，前提的真并不能保证结论的真，结论仍可能为假，例如即使我们观察到以往的人毫无例外都已经死了，但将来的人也有可能长生不死。

（二）统计归纳法

以下是统计归纳法的论证形式：

前提	在观察 X 的有限样本中，有 Z 是 Y。
结论	所有 X 当中，有 Z 是 Y。

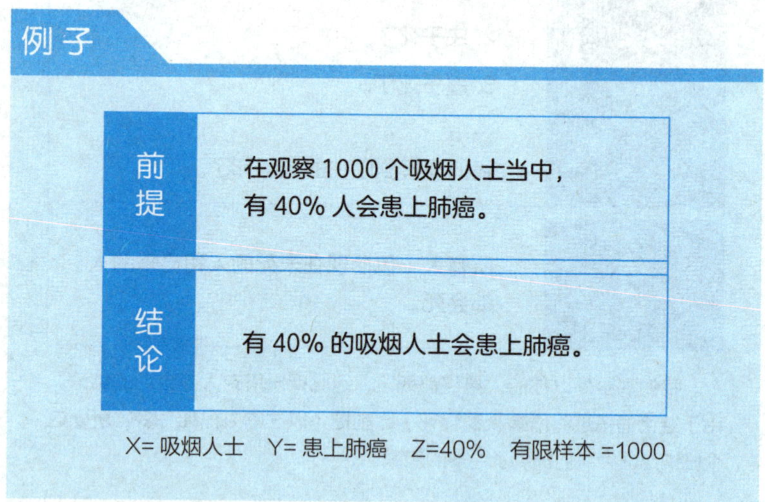

当Z等于100%时，我们便称之为普遍归纳，即前述的枚举归纳法：

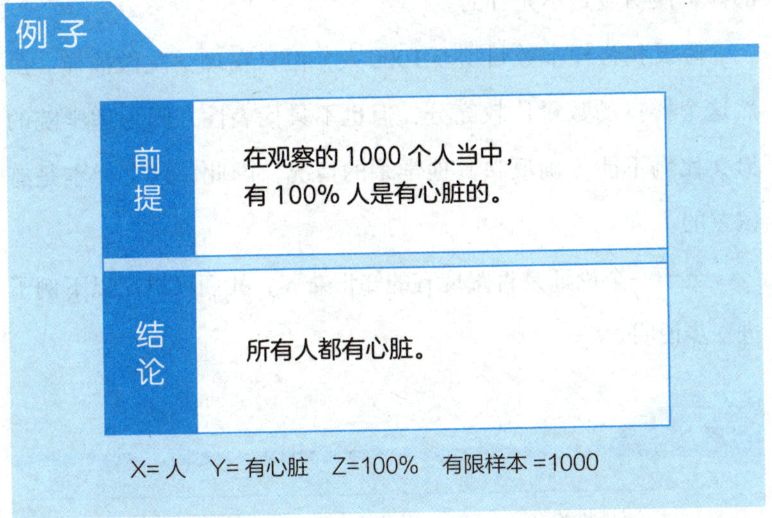

在归纳论证中，我们不能单凭论证形式去判断它是否成立，必须诉诸论证的具体内容。就以上述两个论证来说，究竟1000人这个样本数目是否足够呢？这就要看论证的具体内容，而不能一概而论。

做归纳论证时，我们须依从一些准则：

1.样本数量要充分。

2.样本不存在偏差。

3.内容跟我们现有的知识要兼容。

假设我要调查香港中文大学的男生比例，若全校有2万名学生，我只抽取了10个同学，发现其中有8人是男生，然后得出“香港中文大学全校有八成是男生”的结论，这个归纳论证的样本便明显是不充分的。

假设我将样本数目增至1000人，但只在理学院做抽样。虽然这个样本的数量比较充分，但也不具代表性，因为理学院的男女比例不能正确反映其他学系的情况。因此，这个样本是有偏差的。

至于一个论证是否跟现有的知识兼容，我们可以用以下例子进一步说明。

例子

	推论一		推论二
前提	1. 在所观察的 60 岁人士当中，有 70% 的人还能活 5 年以上。 ↓ 归纳推论 60 岁人士当中有 70% 的人还能活 5 年以上。	前提	1. 在所观察的吸烟人士当中，有 70% 的人活不过 5 年。 ↓ 归纳推论 吸烟人士当中，有 70% 的人活不过 5 年。
	2. 陈先生 60 岁。		3. 陈先生是吸烟人士。

除了以上准则，我们还要注意反面证据。反面证据有时不容易被人察觉，例如：一名教师因为不时有学生赞赏他的正面证据，所以便认为自己教得很好，不过实情可能是有一定数量的学生认为该老师教得很差，只是没有当面告诉他而已。

（三）因果归纳法

归纳法早在古希腊时代已由亚里士多德提出，但直到16世纪，英国哲学家培根才正式主张归纳法是获取知识的方法。到了19世纪，另一位英国哲学家穆勒提出“穆勒方法”，把归纳法分成五大类，分别是：取同法、差异法、差异关联法、共变法和剩余法。穆勒认为归纳法是用来寻找各类现象之间的因果关系的，所以这五种归纳法又叫作因果归纳法。

1.取同法：在多个大致相同的事例中，a现象皆有出现，而所有事例都存在A情况，那么A可能就是a的原因。

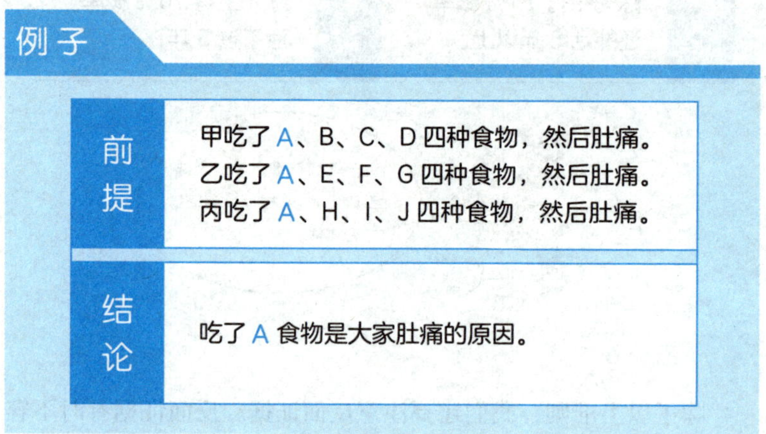

2.差异法：在多个大致相同的事例中，只有一个事例存在A情况，并出现了a现象，那么A可能就是a的原因。

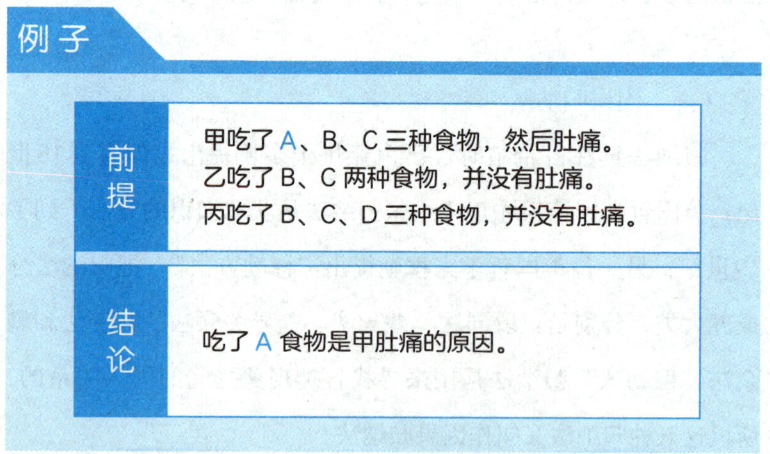

3.差异关联法：将取同法和差异法结合来运用，令结论更加可靠。

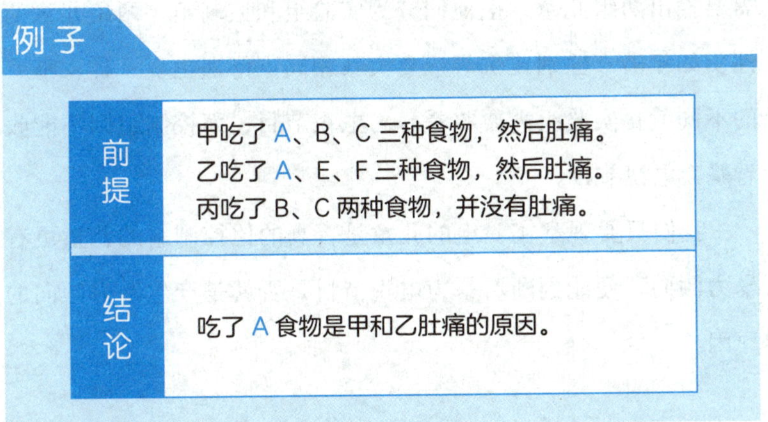

4.共变法：在足够多的事例中，如果A情况发生变化后，a现象也发生变化，那么A就是a的原因。

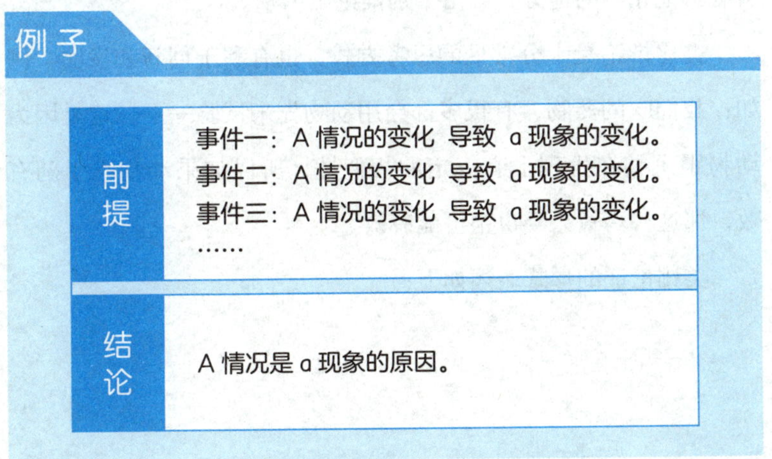

在“穆勒方法”中，差异法最常被运用于实验中，例如：要研究看暴力电视节目是否会导致儿童产生暴力倾向，我们便需要找出两组儿童，把他们分为实验组和控制组。两组儿童的性质如年龄、性别比例等，要大致相同，待遇也要一样，唯一的不同就是实验组需要收看暴力电视节目，而控制组则不能收看暴力电视节目。

我们只要观察实验组的儿童是否真的比控制组的儿童更有暴力倾向，便能判断看暴力电视节目是否就是产生暴力倾向的原因。

（四）类比推论

类比推论是基于两件事物有某些相似性，而推论出两件事物会有其他相同的地方，即由个别推论出个别。

类比推论是十分常见的思考方式，也有利于创新和发明。例如：我们吃的药物，有很多都会用动物先来试验一下，这是因为动物跟人类在生理上有一定的相似性，所以如果动物吃了药有效，那这种药对人类也很可能有效。

类比论证的形式表述如下：

前提	甲有 A、B、C、D 和 E 的特质。 乙有 A、B、C、D 的特质。
结论	乙也有 E 的特质。

例子

前提	1. 地球是太阳系的行星，有水、空气、阳光和生命。 2. 火星是太阳系的行星，有水、空气和阳光。
结论	火星上也有生命。

地球和火星都是太阳系的行星，都有水、空气和阳光这些生命存在的必要条件。既然地球和火星有很多相似的地方，而地球上有生命存在，那火星上便也可能有生命存在。

我们做类比推论时，要记住类比推论也是归纳法的一种，只有盖然性，没有必然性。假如我们要接纳一个类比推论的结论，只代表其结论获得前提充分的支持，不代表结论必然为真的。

当然，何谓充分并没有十分清晰的标准，不过也有一些准则可以判断类比论证的可信性：

1.前提的相似性越多，论证便越强。

2.若前提的相似性是本质属性，论证也会较强。

3.前提的相似性同结论的因果关系越强（例如：上例中的水、空气和阳光，都是很多生命存在的必要条件），论证便越强。

4.结论跟我们已有知识的兼容性越强，论证就会越强，这一点跟判断普遍归纳法和统计归纳法的可信性一样。

（五）假设演绎法

假设演绎法虽然有演绎法的成分，但其实属于归纳法，科学研究所采用的方法就是假设演绎法。

很多科学理论的假设，都是由归纳法得来的结论，气体定律便是其中一例，但也有不少科学理论的假设不是靠归纳法得来，而是由人创造、想象出来的，牛顿的物理学、爱因斯坦的相对论便是例子。

因此，当我们说假设演绎法是归纳法时，并非指假设一定由归纳法得来的，而是指假设已得到经验的印证，这是对归纳法的支持。

假设演绎法的运作

第一步：归纳论证		第二步：演绎论证 用归纳论证得出的结论作为前提之一	
前提	1. 甲会死。 2. 乙会死。 3. 丙会死。 ……	前提	1. 所有人都会死。 （第一步归纳论证的结论） 2. 张三是人。
结论	所有人都会死。	结论	张三会死。

假设演绎法虽然包含演绎论证的成分，但仍属归纳法。第一步归纳论证所得出的结论只是一个假设，但在前提的支持下，我们有理由去接受这假设为真。

为什么归纳法是可靠的方法？

一般解释	用归纳法证实归纳法可靠 我们根据归纳法和过去的经验，得知自然界有齐一性；因为自然界有齐一性，所以用归纳法从过去的经验推论出将来，是可靠的做法。	犯了循环论证的谬误

（接上页，续表）

史特劳森 P.F.Strawson （英国哲学家）	归纳法本身已是证立的标准 归纳法是理性的一部分，是判断思考是否合理的一个标准，我们根本不需要证立其可靠性。	较为可取
莱辛巴哈 Hans Reichenbach （德国哲学家）	归纳法是获取知识的唯一方法 人类要生存，便需自觉或不自觉地预测将来。预测需要定律，我们要获取定律，便需要归纳法，找出某一系列类似事件可能出现的概率。（以实用的理由去证立归立法）	较为可取
波柏 Karl Popper （奥地利哲学家）	归纳法不需要任何证立 归纳法根本就不存在，只有假设演绎法。（不承认经验证据对科学假设有印证性）	无法令人信服

第三节 科学理论的特性

（一）科学研究的步骤

研究科学不能漫无目的，也要有一定的步骤，如下：

1.就某种现象提出问题，确定研究的题材和方向。

2.尝试回答自己提出的问题，并做出初步假设。

3.收集并分析相关资料。

4.提出正式假设来说明现象。

5.用正式假设去演绎可观察现象的命题。

6.验证可观察现象，以印证或否证正式假设。

7.假如经验证据是反例，那么正式假设将会被推翻。

8.再提出新的正式假设（回到步骤4）或初步假设（回到步骤2）。

这就是依靠试错法。我们不断提出假设，然后逐一验证，直到找出一个妥当的假设，去说明某种现象为止。这过程可以是永无休止的，因为环境不断在变，当有新的经验证据出现时，从前已证实的假设便有可能被推翻。

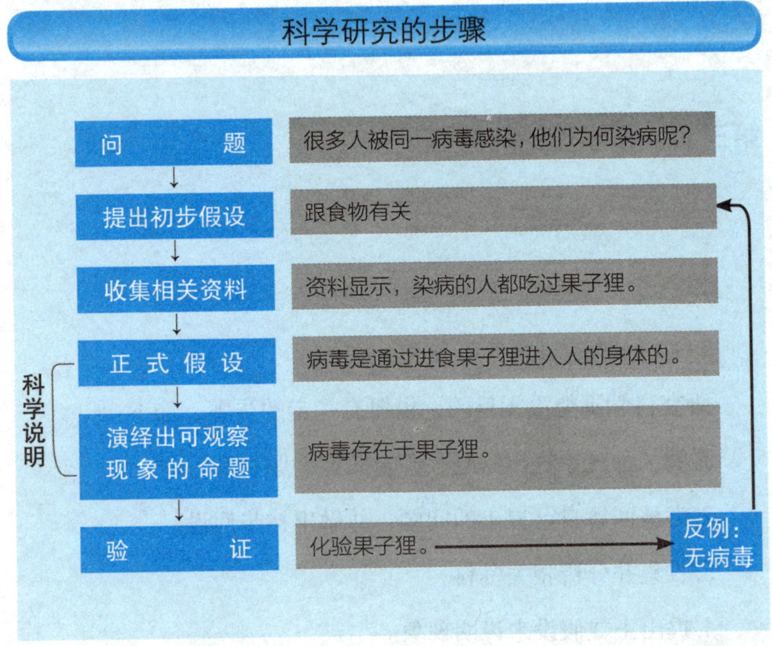

在依靠试错法的过程中，我们有时只需要收集到相关的资料（步骤3），便可推翻初步假设。例如：香港中文大学有一种燕子，它们筑巢的位置比一般燕子高很多，为什么呢？有人便提出一个初步假设，是为了避开人类的骚扰。不过我们在收集、分析相关资料后，发现有些燕子筑巢的地方虽高，但并非人迹罕至，于是我们就可以推翻上述的初步假设①。

① 后来发现这种燕子每次都要俯冲一段距离，才可以起飞，若燕子筑巢的位置离地面不够高，就会直接被摔死。

很多人认为科学家的工作是按一定的程序进行，并不需要创造力和想象力，其实这是一种误解。

有很多科学上的假设都是靠猜想得出来的，而猜想又常常依靠灵感和想象力，例如：苯这种化合物的分子结构曾一度困扰着化学家，直到德国化学家凯库勒在梦中见到一条蛇咬着自己的尾巴，才想到苯的分子结构有可能是环形的。

（二）科学说明模式

从正式假设到演绎出可观察现象的命题这一个步骤，我们称之为科学说明。

科学说明的模式通常包括两部分，分别是说明项和被说明项。我们用演绎推论，便能由说明项推论出被说明项。

科学说明和科学预测的结构是相同的。如果被说明项已经发生，那么说明项便证明了被说明项的出现。如果被说明项还未发生，那么说明项便是在预测被说明项将会出现。

科学说明有两种模式，分别是演绎律则说明模式和盖然性律则说明模式。

第一种：演绎律则说明模式

说明项	普遍定律—L1，L2，L3……Ln 先行条件—C1，C2，C3……Cn
被说明项	事件—E

例子

伽利略反对亚里士多德的自由落体定律，提出了新的自由落体定律。根据亚氏的讲法，一个物体跌落地面所需的时间，跟该物体的重量有关，越重的物体所需的时间便越少。伽利略却认为一件物体的重量跟它到达地面所需的时间根本无关，他认为一个物体从高处掉下来所需的时间可用以下方程式计算出来：

$$S=\frac{1}{2}at^2$$

s：物体离地面的距离

a：地球重力常熟 $=10m/s^2$

t：物体落地所需时间

（假设空气的阻力为零，物体最初的速度等于零）

（接上页）

假设物体 A 由距离地面 20 米的高处掉下来（s=20m），我们可以用上述方程式，计算出物体 A 着地所需的时间：

说明项	普遍定律	$S=\frac{1}{2}at^2$
	先行条件	s=20m
被说明项	事件	t=2sec

因此物体 A 会在 2 秒后着地。

例子

说明项	普遍定律	所有人都会死。
	先行条件	孔子是人。
被说明项	事件	孔子会死。

第二种：盖然性律则说明模式

说明项	盖然性定律	P1，P2，P3，……Pn
	先行条件	C1，C2，C3，……Cn
被说明项	事件	E

例子

说明项	盖然性定律	吸烟有七成概率患肺癌。
	先行条件	陈大文吸烟。
被说明项	事件	陈大文有七成概率患肺癌。

（三）科学假设的可否证性

接着我会说明印证、验证和否证三者的区别。

一个科学定律即使得到经验充分的印证，仍然只能是假设。我们可以用P代表说明项，Q代表被说明项，那么P ⊃ Q便代表了由说明项推论出被说明项的论证。

P	说明项	盖然性定律	L1，L2，L3，……Ln
		先行条件	C1，C2，C3，……Cn
Q	被说明项	事件	E

假如Q真的发生，成为真了，那么以下论证是否对确？

前提	1.P ⊃ Q 2.Q
结论	P

以上的推论是不对确的，因为即使前提为真，而结论也有可能为假。我们只能说Q可以印证P为真（Q的真能支持P为真）。

不过，如果Q并没有发生～Q，以下的论证又是否对确呢？

前提	1.P ⊃ Q 2.~Q
结论	~P

前文中的真值表中提到，不可能出现前提为真而结论为假的情况，因此以上的论证是对确的。我们可以根据～Q来否证P。

由此可见，即使一个科学理论有充分的证据，也不可以说它为真，不过，只要有一个反例出现，就足以推翻一个科学理论。因此我们才说科学定律只是假设——当经验证据推翻原有的科学理论时，新的科学理论就有机会出现，说明旧理论所不能说明的现象。

不断否证旧有的科学理论，就是增进知识的途径，例如：牛顿物理学被相对论“推翻”后②，我们的知识又增长了一大块。

当然，实际情况并没有这样简单。试想象我们读中学时所做的科学实验，实验的结果跟理论的预测通常都不一样，但老师通常会说是我们做的实验有错，而不是理论有错，这是因为那些实验已被科学家重复印证了很多次。即使我们真的确定实验结果出

② 正确的说法是相对论比牛顿物理学能说明更多的现象。

现了反例，但科学家一般不会立即修改相关的科学理论，因为未必是普遍定律有问题，也可能是先行条件本身出错，或有一些未明的因素影响了实验的准确性。

前文已谈过被说明项可以否证说明项（～Q可以推论出～P），但说明项本身也包含了两部分，分别是普遍定律和先行条件。为方便解释，现假设只有一个普遍定律L，和一个先行条件C，有关的论证便会变成：

前提	1.（L•C）⊃Q 2.~Q
结论	~（L•C）

我们可以用真值表证明～（L·C）等于～L∨～C：

命题	~（L • C）	~L ∨ ~C
真假值	F T T T T T F F T F F T T F F F	FT F FT FT T TF TF T FT TF T TF

否定说明项～P即否定普遍定律，或否定先行条件～L∨～C，因此错的未必是普遍定律本身，也可能是先行条件有问题，例如：科学家最初只知道太阳系有七大行星，并不知道海王

星的存在。不过，由于计算天王星轨道时出现了偏差③，科学家必须解释此现象。基于牛顿物理学解释天体运动的根基良好，难以动摇，于是有科学家便假设有第八行星存在，其引力影响了天王星的轨道。结果，科学家由此发现了海王星。

（四）评估科学假设的标准

既然经验证据可以用来印证科学定律的假设，那么要评估一个科学假设的可接受性，经验证据就是一个很重要的标准。

科学假设获得经验证据充分的印证，就表示它在归纳法得到了支持：

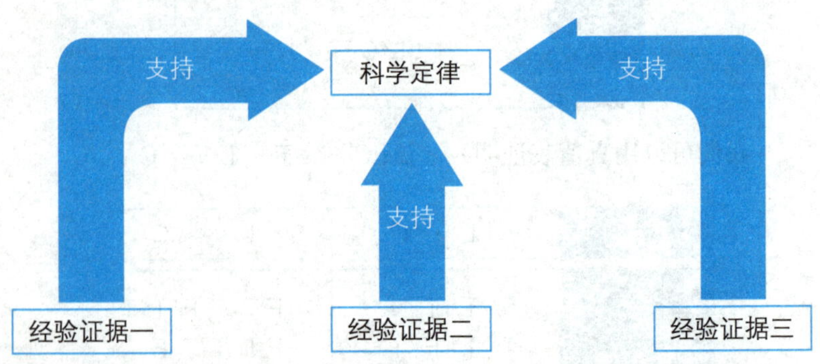

要评估一个科学假设的可接受性，除了归纳法的支持外，还有两个标准，分别是演绎法的支持和简单性原则。

演绎法的支持：以月球上的自由落体定律为例，虽然我们从

③ 按牛顿物理学计算出来的天王星轨道，跟实际观察的结果不相同。

未在月球上做过相关实验，没有任何归纳法的支持，但牛顿物理学适用于天体力学，只要我们学习牛顿物理学的普遍定律，便能推论出月球上的自由落体定律是怎样的，这就是演绎法的支持。由于牛顿物理学本身是极具权威性的科学定律，如果牛顿物理学能被接受，那么月球上的自由落体定律也可以被接受。

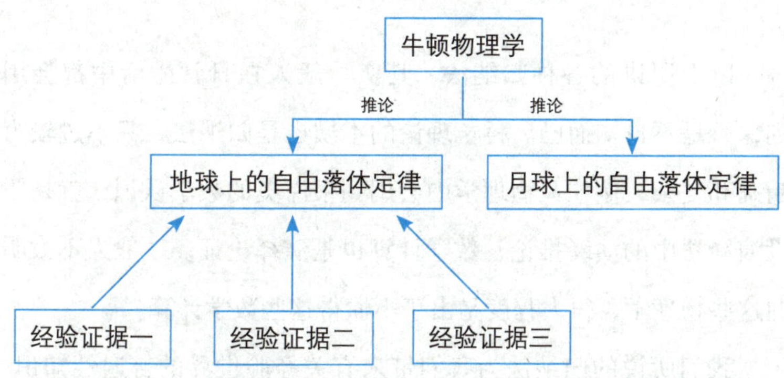

简单性原则：当两个科学理论的权威性大致相同，我们便可诉诸简单性原则来决定使用哪一个理论，例如：在科学家未证实地球环绕太阳自转之前，日心说和地心说同时存在，但当时的科学界已接受日心说，这是因为日心说较地心说简单一些，做科学计算时也方便得多。

第四节　小结

以上所讲的各种归纳法，其实一般人在日常生活中都会用到，只是不自知而已。科学理论的本质也是归纳法，只不过较为精确和复杂，例如：物理学中会用到很深奥的数学认识，就是假设演绎法中的演绎推论，数学计算也是演绎论证。一般人不太明白这些物理学，很大程度是由于不懂得这些数学计算。

我们所说的归纳法为我们带来有关经验世界的普遍性知识，现在不妨将之前所讲的各种归纳法综合起来，看看它们是如何为我们带来知识的。

例如：草是绿色的这个知识，我们是通过枚举归纳法观察到不同的草都是绿色的，而推论出所有草都是绿色的，但这只是知其然，我们仍不知其所以然。为什么草是绿色的呢？要想找出答案，我们就需要进一步找寻事物之间的因果关系，意味着要使用因果归纳法和假设演绎法，通过验证和否证，找出适当的理论去说明草是绿色的这种现象。

无论是哪种归纳法，到最后都是诉诸经验的观察（即验证），但这里有一个问题，所谓经验是不是只局限于我们的感官经验呢？人死后还有没有经验可言呢？扩展经验这个概念，便有可能为我们带来全新领域的知识。

即使我们扩展经验这个概念，我们讲的知识仍然是实证性知识，需要通过验证。但实证性知识并不能穷尽所有知识，换言之，有些知识是不能化约为实证性知识的，例如：规范性知识涉及该做什么，不该做什么，便应归入价值判断；又例如：解释性知识——如对历史、艺术品的解释，也同样不属于实证性知识。

我无法在此详细讨论非实证性知识的意义和功能，我只想指出，当科学方法能为我们带来普遍性知识时，其实正是指实证性知识，但并不意味只有实证性知识才算是知识，或实证性知识的价值比非实证性知识更高。

第五章

谬误剖析

Fallacy analysis

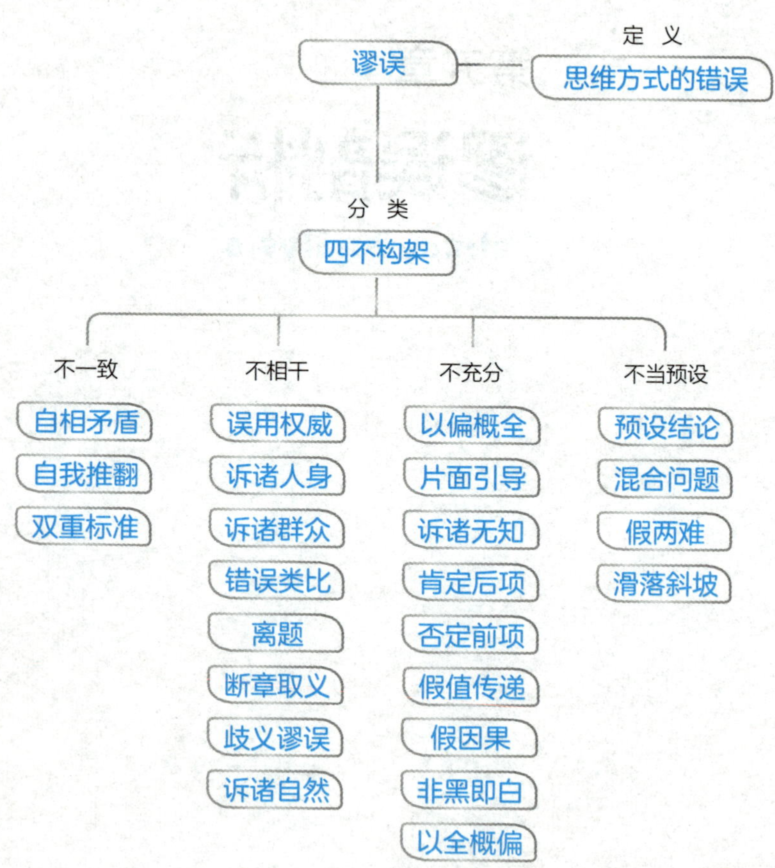

谬误
定义
思维方式的错误
分类
四不构架
不一致
自相矛盾
自我推翻
双重标准
不相干
误用权威
诉诸人身
诉诸群众
错误类比
离题
断章取义
歧义谬误
诉诸自然
不充分
以偏概全
片面引导
诉诸无知
肯定后项
否定前项
假值传递
假因果
非黑即白
以全概偏
不当预设
预设结论
混合问题
假两难
滑落斜坡

第一节　何谓谬误

自古希腊以来，哲学家便已开始研究谬误，据说至今已累积多达一百种以上不同的谬误，但一直欠缺妥当的整理，特别是关于谬误的定义和分类。

很多逻辑书都将谬误定义为错误的论证，却忽略了并不是所有谬误都涉及错误的论证。

自相矛盾的谬误就不是论证，例如：明天将会下雨，并且不会下雨。它只是一句话，并没有前提和结论，因此不是论证。连论证都不是，当然不会是错误的论证。

虽然大部分谬误都是错误的论证，但仍有少数不是。如果这些逻辑书一方面将谬误定义为错误的论证（根据这个定义，自相矛盾就不是谬误），另一方面却又肯定自相矛盾是谬误，那么，它们就犯了自相矛盾的谬误。

另一个不是论证的常见谬误是混合问题。论证的前提和结论必须是有真假可言的语句，即判断或陈述，但混合问题则是混入不适当假设的问题。问题不是判断，自然不会是论证，更不会是错误的论证。

一般人会将谬误理解为普遍性的错误，例如：人年老时戒烟会早死。

将普遍性错误说成是谬误，其实背后有心理因素，就是要表达出这种错误的严重性。谬误虽然是错误，但并非所有错误都是谬误。

由此可见，一般的逻辑书对谬误的定义太窄，但一般人的定义又太宽，因此我们在这本书里将谬误定义为思维方式上的错误，正好介于两者之间，恰到好处。

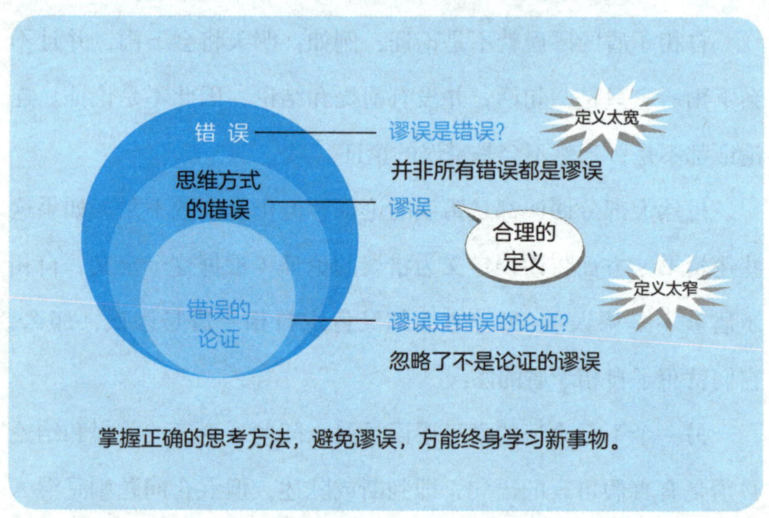

语理分析、逻辑方法和科学方法所展示的，就是正确的思维方式，而将谬误定义为思维方式上的错误，正好显示出谬误剖析作为其余三种思考方法的引申，在方法学中找到了合适的位置。

第二节 四不架构

有些讲谬误的书会尽量罗列出各种不同的谬误，但当中大多数的谬误都不常见，对我们来说并不重要，我们也很少会犯这些谬误，因此这些书都欠缺实用性。

我们应该着眼于那些经常会犯的谬误，只要我们了解到它们为什么不正确，就可以改进自己的思考方式，使它更合理。

李天命先生曾对谬误分门别类，其架构称为四不架构。就笔者所知，这是众多分类架构中最实用、最简单、最富创意及美感的分类架构。

根据四不架构，谬误可分为不一致、不相干、不充分和不当预设四大类。

它跟一般谬误分类的最大区别就是没有预先将谬误分成形式和非形式两大类，令人耳目一新。

四不架构也把常见的形式谬误，如否定前项和肯定后项归类为不充分谬误，可谓十分巧妙。

不一致的谬误是最严重的谬误，具有矛盾或不一致的性质，自相矛盾便是例子之一。

不相干的谬误大部分涉及错误的推论，由于前提跟结论并无直接关系，所以不可以用来支持结论。不相干的谬误也包括离题中的伪冒论题，可以不涉及推论。如果一个人用伪冒论题攻击别人的论点，我们便称之为攻击稻草人谬误，这才是错误的推论。

不充分的谬误大部分涉及错误的推论，虽然前提跟结论有关，但不足以支持结论，以偏概全便是例子之一。

不当预设的谬误含有不适当的假设，例如：循环论证就在结论有待证明的情况下，假设了结论为真。

四不架构能够系统地将大部分常见的谬误分门别类，且分类的方法简单、易懂、易记，不单实用，而且美观。不一致、不相干、不充分、不当预设四种谬误的严重性，按先后次序层层递减。

我们使用四不架构检视一个言论时，会先后检查该言论是否不一致、不相干、不充分，有没有不当预设，应用本身就很有节奏感。

顺带一提，笔者十分欣赏李天命先生将“四不”精神应用到人生哲学方面，它对指导我们的行为极具参考价值。

本书将借用李天命先生的分类架构，但收录的谬误类型跟他所讲的并不完全相同，而且在名称上也会有差异。

四不架构与人生哲学

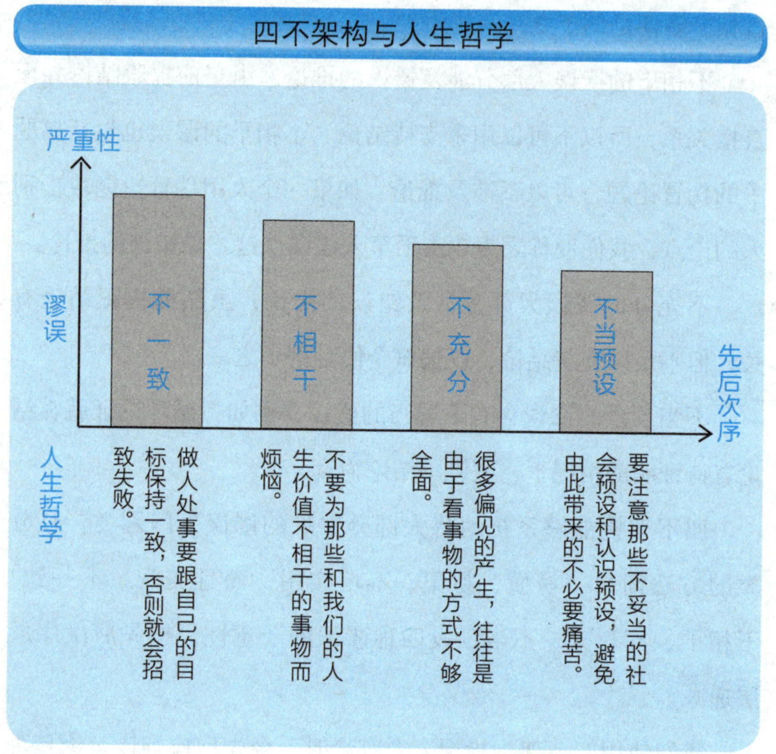
严重性
谬误
不一致
不相干
不充分
不当预设
先后次序
人生哲学
做人处事要跟自己的目标保持一致，否则就会招致失败。
不要为那些和我们的人生价值不相干的事物而烦恼。
很多偏见的产生，往往是由于看事物的方式不够全面。
要注意那些不妥当的社会预设和认识预设，避免由此带来的不必要痛苦。

第三节　不一致的谬误

（一）自相矛盾

自相矛盾的言论会同时肯定及否定一个命题，也就是逻辑矛盾，其逻辑形式为p · ~ p，例如：这里现在下雨并且不下雨。这句话就是明显的自相矛盾。不过，日常生活中有很多自相矛盾的句子，其p · ~ p的形式并不明显，我们需要经过分析，才能把它们一一认出来。

例子

> 如果你来拜祭我的话，为表示礼貌，将来我也会去拜祭你。

"你来拜祭我"意味着"我死了"，"我也会去拜祭你"却包含"我还活着"的意思，即"我未死"。"我死了"并且"我未死"，就是自相矛盾。

自相矛盾的句子都有p · ~ p的形式，但有些表面上看具有这种形式的句子，其实并没有自相矛盾。例如：这个人不是人。这句话表面上看自相矛盾，因为它骂这个人不是人，但事实上，两个“人”字的意思并不相同，第一个“人”是指生理意义上的人，第二个“人”是指道德意义上的人，因此没有矛盾。

例子

这个情况是否P·~P，有自相矛盾？

左图中的“拍照”是指“为别人拍照”；右图中的“拍照”是指“被拍进照片中”，因此上述情况并无自相矛盾。

（二）自我推翻

自我推翻是指某句话本身的内容就足以推翻自己的假设。

例子

世上没有绝对的真理。

世上没有绝对的真理，这句话本身是不是绝对的真理呢？如果是的话，就等于推翻自己，犯了自我推理的谬误。

例子

不应该将自己的价值观强加于别人。

如果“不应该将自己的价值观强加于别人”是真的，由于这句话本身也是价值判断，叫人不要这样做也正是“将自己的价值观强加于别人”，结果也是自我推翻。

（三）双重标准

在没有提供充分理由的情况下，如果我们面对同类事件却做出不同的判断，或采用不同的对待方式，而导致不公平的情况出现，甚至伤害到他人，那么我们便犯了双重标准的谬误。

老师在以下情况是否犯了双重标准谬误？

要识别双重标准的谬误，差别对待的存在并非唯一的标准，我们也要分析该差别对待是否有充分理由的支持，有没有导致不公平或伤害。不过什么是充分理由往往是有争议的，因此一件事是否犯了双重标准的谬误，往往存在很大的灰色地带。

例子

> 普通人和法官之子同样被控藏毒罪，
> 普通人被判罪入狱，
> 法官之子却获轻判，不用坐牢，也不用留案底。

如果法庭没有就二人的判刑提供充分理由，便犯了双重标准谬误。

第四节 不相干的谬误

（一）误用权威

误用权威是指诉诸不合乎资格的权威，或诉诸不相干的权威。

误用权威并非指在任何情况下诉诸权威都是错的，例如：我们有病看医生，并相信医生的诊断，这样的诉诸权威便没有问题，因为我们是在诉诸相干的权威。

例子

前提	很多著名的医生和科学家都认为堕胎是不道德的。
结论	堕胎在道德上是错的。

虽然医生和科学家都是社会上的权威人士，但堕胎是否不道德是伦理学范畴的问题，而在伦理学方面根本没有权威可言，医生和科学家在伦理学方面也没有权威可言，因此上述论证便犯了误用权威的谬误。

（二）诉诸人身

当一个言论的正确性并非诉诸其内容，而是根据说话者的地位、性别、种族、人格或意图等人身因素而定时，就是犯了诉诸人身的谬误。

例子

前提	部门主任经常向员工们发火。
结论	我们不能接受部门主任提出的节约公司用纸的建议。

以上论证犯了诉诸人身的谬误，因为：

1. 部门主任经常向员工们发火这件事与接受他提出的节约公司用纸的建议这件事不相干。

2. 是否接受接受部门主任提出的节约公司用纸的建议，应该按其建议的好坏来判断，这才是合理的。

同样道理，即使一个人的意图是好的，也不表示他所说的话就一定对。

诉诸意图或意向是诉诸人身谬误的一种，由于它比较特别，所以有些哲学家给它取了一个专名：意向谬误[①]。

---

① 由 W.K. 维姆塞特和 M.C. 比尔兹利提出。

不过，意向谬误至今不易被人接受。它主要用于评价文学或艺术作品及其创作者，主张将作品本身的意义与创作者的意图分隔开来，即作品的好坏与创作者的意图没有关联。如此，创作者的意图可被视为具有独立意义的证据。但基于意图与证据不应混淆，因此这一观点难以令人信服。

（三）诉诸群众

由于大众认为某个论点是对的，便推论该论点是对的，这就犯了诉诸群众的谬误。人之所以会犯诉诸群众的错误，大多是为了寻求别人的认同，却忽略了论点正确与否，它不是由认同人数的多寡而定。

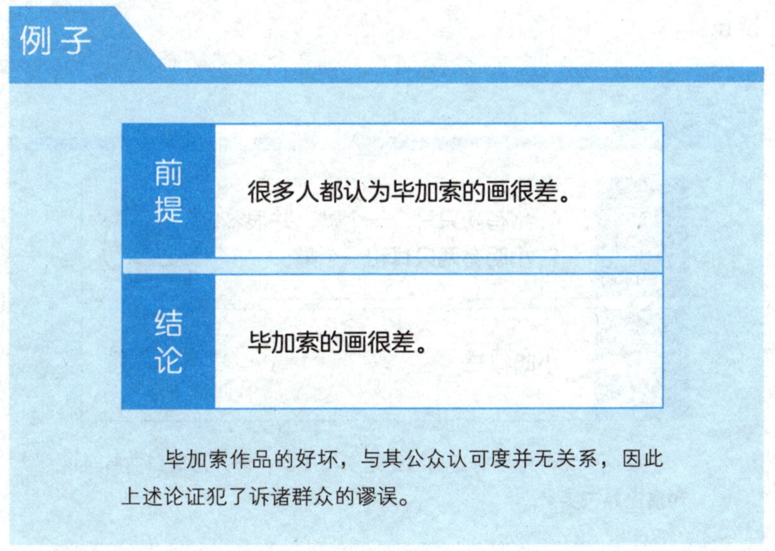

例子

前提	很多人都认为毕加索的画很差。
结论	毕加索的画很差。

毕加索作品的好坏，与其公众认可度并无关系，因此上述论证犯了诉诸群众的谬误。

民主表面上也是少数服从多数，但跟诉诸群众并不相同，分别有二：

1.民主并非任何领域都适用，例如：我们做艺术评论时，就不能靠投票来确定一件艺术品的价值。

2.虽然少数服从多数是民主的一个重要部分，但民主也包含理性讨论等其他元素。假设香港特区立法会就香港地区是否实行安乐死进行表决，议员事前便要进行充分、理性的讨论，一并考虑赞成和反对双方的理由，把做错决定的机会减到最低。

（四）错误类比

类比推论是归纳推论的一种，而错误类比就是错误的类比推论。

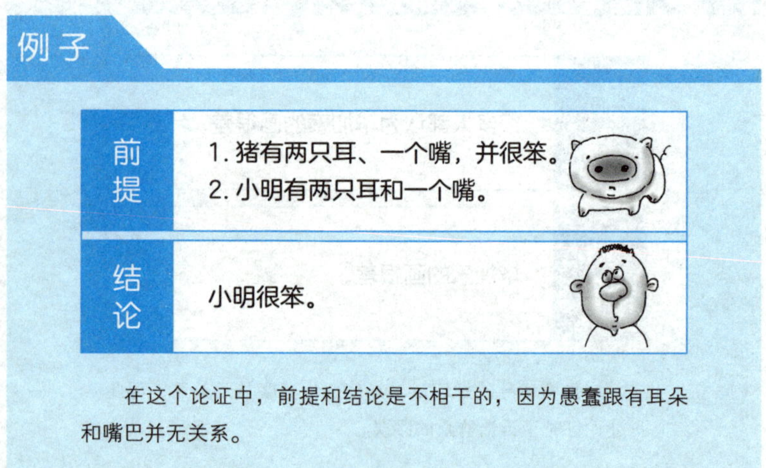

例子

"天无二日，土无二王。"

——《礼记·曾子问》

我们不可能凭"天上不可能有两个太阳"，去证明"一个国家不可能有两个皇帝"，试问两者有何相干呢?

中国古代多用这种比喻手法来表达思想，如果我们把这些比喻看作是论证，就会形成错误类比。

当然，如果我们只将上述这些比喻理解为类比解说，而非论证，是没有问题的。

所谓类比解说，就是通过类比手法和较易明白的事例，去形容某个论点，使人更易明白，但不能证明该论点就是对的。

例子

车有二轮，鸟有双翼，故文武不能偏废。

我们可以通过类比，让读者更容易明白文武两者的重要性犹如车的两轮、鸟的双翼般均等，不能偏废任何一方，但不能证明这是正确的推论。

（五）离题

离题又叫偷换论题，意指在讨论中途改变论题。离题的思考与论题毫不相干，我们必须针对论题，进行思考，这样才有意义。

离题可以是自觉或不自觉的，手法也有很多，在这里就不一一列举，但常见的有两种：

第一种是攻击对方论点时，扩大其论点。

第二种是面对攻击时，缩小自己的论点，避开正面攻击。

例子

欧洲某国的一个地区居民人数越来越多，需要兴建一座医院，但当地政府迟迟未有计划。主责官员面对记者质询时，反问道："世事往往不完美，要在每一位市民门前建一座医院，可能吗？"

上述政府官员没有正面回答问题，反而扩大了记者的论点，把居民的需要推向极端，以避开记者的责难。

小刚骑车时打电话，结果撞到一个行人。行人虽然没受伤，但受到了惊吓，于是痛斥小刚不守交规。小刚狡辩说："我都骑了好几年车了，怎么可能出错？说不准是你碰到了我的车。"

小刚将自己不守交规的论题偷换成他骑了好几年车，不可能出错，妄图以此证明责任不在他身上。这就是缩小论点。当然，这种行径我们必须谴责。

还有一种离题手法是诉诸批评者的意图，来避开批评。

例子

某公司开展经理职位的竞选活动，一位竞选者表示，所有竞选者一定要履行公平、公正的原则，坚决不能私下拉票，却被同事揭发他有过私自拉票的行径。该竞选者没有正面回应自己的拉票事件，反而大声疾呼，说有人别有用心，想害他失去竞选资格。

对这位竞选者而言，即便别人别有用心，也一样可以做出正确的事——揭发他私自拉票的行径。他说别人想害他失去竞选资格，只是为了转移视线，造成别人故意诬陷他的局面，以博取同情。可以说，这位竞选者也犯了诉诸人身的谬误。

离题手法的运用

情况	对应“离题”手法	
攻击他人的论点	扩大对方的论点，让自己更易“射中”目标。	

（接上页，续表）

情况	对应离题手法	
避免自己的论点被攻击	缩小自己的论点，让自己不易被别人“射中”。	
	诉诸攻击者的意图，转移视线，避开批评。	

了解各种离题手法的运用，除了有助我们避免犯错外，也令我们更能识别、拆穿别人的谬论。

（六）断章取义

所谓断章取义，就是将一些字、词或句子从其脉络中抽出来，改变原本的意思，从而导致误解产生。

当我们思考字词、词组或句子的意思时，必须一同考虑其背景和语言的或非语言的脉络，才能准确地了解它们。

举例来说，很多人认为孔子教人凡事要“三思而后行”，不错，这句话是出自《论语·公冶长》，但并非孔子所说，孔子也不认为所有人都需要三思。原文是这样的："季文子三思而后行。子闻之曰：'再，斯可矣。'"孔子认为季文子顾虑太多，慎思两次就足够了。事实上，有时多思会令人犹豫不决，有时多思又会容易使人产生私意。所以，以为孔子完全赞同这句话就明显犯了断章取义的谬误。

新闻报道由于有时间限制，往往需要大量删减被访者的言论，因此容易出现断章取义的情况。

例子

以下新闻报道是否有断章取义？

上述的新闻报道存在断章取义，把受访者说的一句话由脉络中抽出来，作独立解释，导致观众误会其意思。我们引述或转述别人的说话时，也要注意避免断章取义。

（七）歧义谬误

歧义谬误是一种错误的推论，由混淆字词的不同意思所致。

由歧义造成的错误推论，既可归入谬误，也可归入语害中的概念滑转。换言之，谬误和语害并不是互相排斥的，但意思却截然不同：谬误必然是错误，但语害不一定是错的，例如：空废命题便是真的，语意暧昧则仅指意思不清。

例子

前提	1. 哲学是一种艺术。 2. 艺术应该由艺术史学家来研究。
结论	哲学应该由艺术史学家来研究。

前提 1 中的“艺术”是指一种需要想象力的技巧，前提 2 的“艺术”则是指艺术品。由于艺术一词出现歧义，因此上述论证便犯了歧义谬误。

（八）诉诸自然

凡是以合乎自然或违反自然来支持或反对一个结论，都是错误的推论，因为所谓自然或不自然的说法，多是语意暧昧的。我们称这种谬误为诉诸自然。

例子

前提	1. 不自然是不道德的。 2. 同性恋是不自然的。
结论	同性恋是不道德的。

为什么不自然就是不道德呢？从来没有人能够说明清楚。

第五节　不充分的谬误

（一）以偏概全

我们在第四章谈《科学方法》时，已指出不正确的归纳推论有两种，一是样本数量不充分，二是样本本身有偏差，不够代表性。这两种错误的归纳便是以偏概全。

例子

前提	1. 张三吸烟，并没有患肺癌。 2. 李四吸烟，并没有患肺癌。 3. 陈七吸烟，并没有患肺癌。
结论	所有吸烟人士都不会患肺癌。

只根据三个吸烟人士没有患肺癌的事实，而推论出所有吸烟人士都不会患肺癌。首先样本的数量便明显不够充分，其次就是忽略了其他已知吸烟患肺癌的个案。归纳论证并没有必然性，因此我们说上述论证出错，并非指这个论证没有必然性，而是指其盖然性很低。

有两种谬误很容易跟以偏概全混淆，一是合称谬误，二是逆偶然。

合称谬误也是错误推论的一种，是指从事物的部分所具有的性质，推论出事物的整体都具有相同的性质。

例子

以下论证犯了什么谬误？

前提	**太阳　吃了　数学** **有意义　有意义　有意义** （句子中的每个部分都有意义，意思明确）
结论	**太阳吃了数学。** （这句句子也有意义，意思明确）

以上论证犯了合称谬误。前提中的“太阳”“吃了”“数学”都是大家能够明白的词语，但“太阳吃了数学”便令人费解了。我们不能由于句子中每个词语皆有意义，便推论出整个句子本身也有意义。

我们也可以说以偏概全的谬误是由部分如此推论出全体也是如此，但以偏概全所讲的部分跟合称谬误是不相同的，合称谬误所指的部分是所有部分，而以偏概全所讲的部分只是小部分。另外，整体和全体的意思也有分别。

合称谬误和以偏概全的分别

	合称谬误		以偏概全	
谬误	由所有部分如此 推论出 整体如此		由小部分如此 推论出 所有部分如此	
例子	前提	这支球队的每位成员都很出色。	前提	这支球队的其中一位成员很出色。
	结论	这是一支出色的球队。	结论	这支球队的所有成员都很出色。
部分的意思	每位成员		其中一位成员	
整体、全体的意思	整支球队		球队中的所有成员	

逆偶然也是一种错误的推论，由不适当的事例推论出普遍的原则，意思和以全概偏相反。

例子

前提	鸦片可以治病。
结论	应该废除禁止吸食鸦片的法例。

鸦片可以治病并非适当的事例，去作为废除禁止吸食鸦片的法例的依据。

（二）片面引导

对一个事件的陈述不够全面，遗漏或隐瞒了一些很重要的信息，并造成误导，这就是片面引导。

例子

多年前香港科技大学的建筑费用超支，负责官员备受香港特区立法会议员质疑，但该官员说："香港科技大学的超支是可以原谅的，因为比较其他院校的建筑费，它并不是高很多，比如该大学每平方米所用的钱，就跟香港城市大学差不多。"

这位官员隐瞒了一个很重要的信息，就是香港科技大学空旷的地方比香港城市大学多，但香港特区政府计算香港科技大学的建筑面积时，却包括了这些空地，结果误导了大家，令人以为两所大学的建筑费真是差不多。

（三）诉诸无知

假如我们由于没有找到证明一个论点正确的证据，就推论出该论点是不正确的，便是做了错误的推论，犯了诉诸无知的谬误。

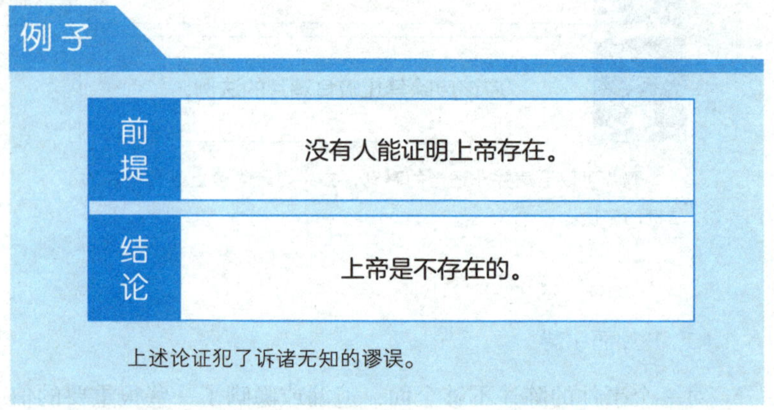

同样地，如果我们因为不能证明一个论点不正确，却推论它是正确的，也同样犯了这种谬误。

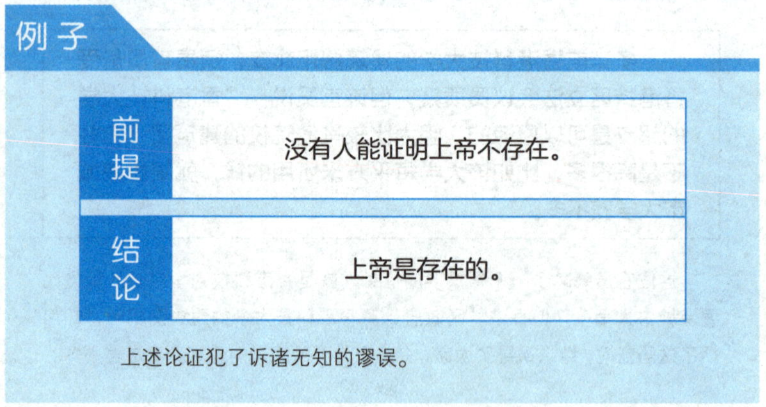

诉诸无知的谬误通常会用科学证据来包装。

例子

前提	没有科学证据证明看暴力漫画会增加暴力倾向。
结论	看暴力漫画不会增加暴力倾向。

即使没有科学证据证明看暴力漫画会增加一个人的暴力倾向，也不能由此推论出看暴力漫画不会增加暴力倾向。若要证明看暴力漫画不会增加暴力倾向，便必须有正面的证据。

不过，法官判案时会说："由于没有证据证明被告有罪，所以判被告无罪释放。"

究竟法官有没有犯诉诸无知的谬误呢？这就涉及到法律中无罪假定的原则。

这是一种宁纵勿枉的法律精神，任何嫌犯在被判罪名成立前，均假设他们是无罪的，控方必须提出毫无合理疑点的证据，才能将被告定罪。

因此，当法官判一个人无罪时，只代表庭上没有足够证据证明被告犯罪，并不表示他真的没犯罪。

（四）肯定后项

我们在第二章中已解释过什么是肯定后项的谬误。肯定后项也可被归类为形式谬误，其错误在于其论证形式之不对确。

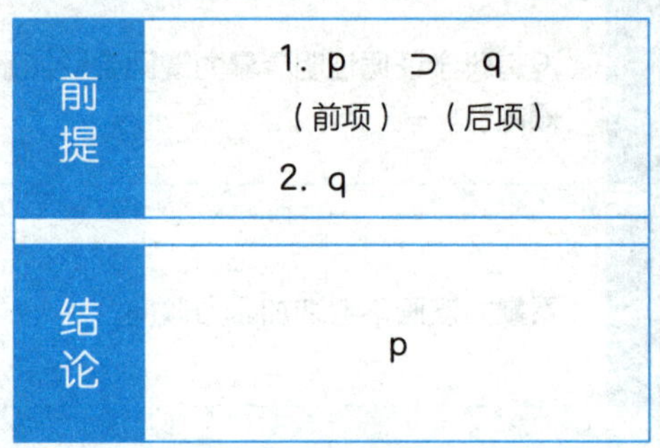

例子

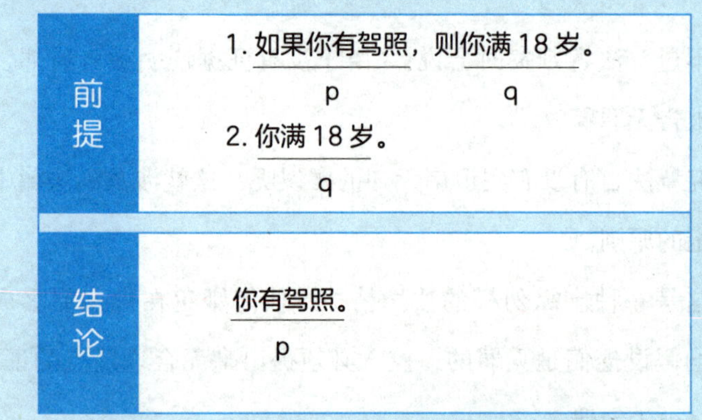

年满 18 岁也可能没有驾照，前提真而结论有可能假，因此上述论证是不对确的。

（五）否定前项

否定前项也是不对确的论证，其论证形式如下：

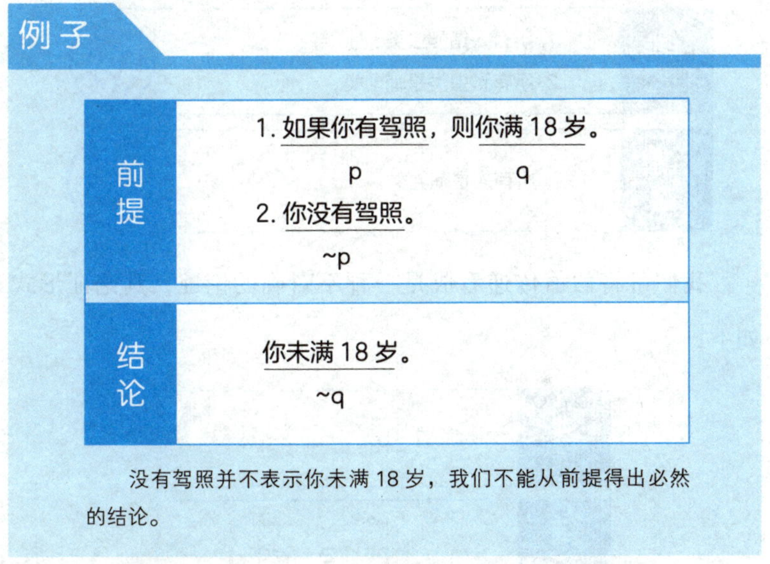

没有驾照并不表示你未满 18 岁，我们不能从前提得出必然的结论。

否定前项及肯定后项的前提虽然跟结论有关，但前提不够充分[①]，不能必然地推论出最终的结论，因此被归入不充分的谬误。

（六）假值传递

很多人以为，如果前提为假，结论也必然为假，但其实这是错的，我们称这种谬论为假值传递。

---

① 在演绎论证中，“不充分”是指前提不能必然地推出结论，跟归纳论证中讲的“不充分”不是同一个意思。

我们可以借以下前提为假而结论却为真的反例，去证明假值传递是谬误的。

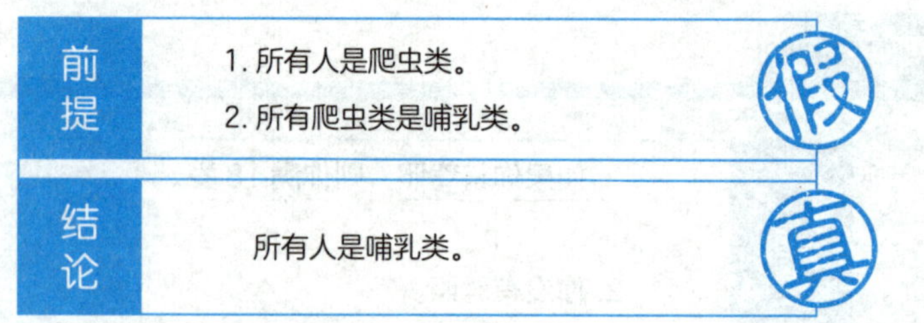

我们可将假值传递看成是一种不对确的论证，其论证形式如下：

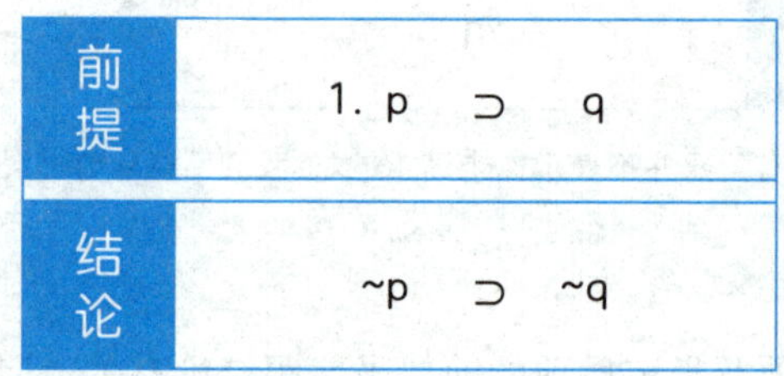

p代表前提为真，q代表结论为真。我们不能由“如果前提真则结论真”推论出“如果前提假则结论假”的结论。

（七）假因果

假因果泛指我们错把两个事件当成有因果关系。虽然因果有时间上的先后，原因在前，结果在后，但并不表示两个（经常）先后出现的事件，就一定会有因果关系。

假因果可再细分为以下三种：

第一种：共因谬误，将两个由同一原因而产生的事件，当成有因果关系。

例子

> **我们因为常常发现闪电在先，行雷在后，便认为闪电导致行雷。**

我们犯了共因谬误，因为事实上闪电和行雷都是由大气中的放电现象造成的，并同时发生，只是光速比音速快，才让人产生了先后出现的错觉。

第二种：居后谬误，将两个在时间上经常一同出现的事件，当成有因果关系。

例子

其实日蚀只是天文现象，月球刚好运行到地球和太阳之间，遮挡住了太阳发出的光，根本就没有天狗吃太阳这回事。因此敲锣打鼓并不能令太阳重现，只是古代中国人面对日蚀时会进行的习俗而已。

第三种：倒果为因，将原因和结果倒转的谬误。

例子

前提	每位用功温习的学生，在考试中都获得高分数。
结论	要令学生用功温习，就要先在考试中给他们高分数。

学生是因为用功，才拿到高分，并不是因为先有高分，才会去用功，此谬误是将原因和结果倒转了。

（八）非黑即白

非黑即白在前文已提及过，意思是由不是由这一个极端推论出另一端的极端，忘记了两个极端之间还有其他可能的情况。

例子

前提	人生有什么意义？ 这个问题没有客观的答案。
结论	人生意义只是每个人的主观选择。

即使“人生意义”这个问题没有客观答案，我们也不能因此推论出只有主观答案，因为答案有可能介乎主观与客观之间。

有人认为非黑即白等同二分法，以为凡是使用二分法区分事物，就是犯了非黑即白的谬误。其实，只要二分法能够穷尽被分类的事物，它本身并不会有问题，例如：我将论证分为对确和不对确，由一个论证不是对确的就推论出它是不对确的，便没有犯非黑即白的谬误。

（九）以全概偏

以全概偏并不是以偏概全的相反面。一般来说，我们有一些做人或做事的普遍原则，但凡事总有例外，如果我们不理会这些例外的情况，而强行应用这些原则的话，就犯了以全概偏的谬误。

例子

前提	不可杀人。
结论	不可自卫杀人。

（接上页）

上述论证便犯了以全概偏的谬误，因为自卫可以是不可杀人的例外情况。我们有不可杀人的道德原则，但并不表示在任何情况下我们都不可杀人。当日本人侵略中国烧、杀、抢、掠的时候，难道我们也可以不杀人地去应战吗？这怎么可能呢？

例子

前提	1. 一般来说，我们有需要的时候，可以使用参考书。（普遍原则） 2. 考试时，我们有使用参考书的需要。（例外情况）
结论	考试时我们可以使用参考书。

考试时不能翻阅书本，是人人皆知的事，不可能被有需要时可以用参考书的普遍原则推翻。上述论证便犯了以全概偏的谬误。

我们很容易把以全概偏的谬误跟分称谬误混淆，分称谬误刚好是合称谬误的相反面，由整体具有的性质，而推论出部分也具有这样的性质。

例子

前提	一氧化碳（CO）有毒。
结论	构成一氧化碳的氧（O）和碳（C）分别都有毒。

上述论证便犯了分称谬误，很明显，氧和碳本身都是无毒的。

第六节　不当预设的谬误

（一）预设结论

在一个论证中，若我们把结论预设为真，便犯了预设结论的谬误，因为结论是有待证明的，这明显是不恰当的预设。预设结论有两种形式，其中一种是循环论证，在逻辑上不算是错误的推论，但我们却不会接受这种推论方式，其论证形式如下：

$p \to q \to r \cdots\cdots \to p$ 简化 $p \to p$

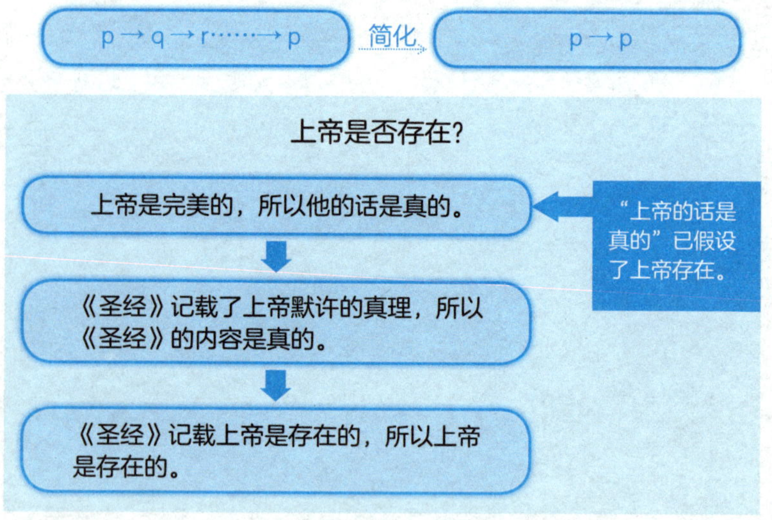

（接上页）

说“上帝的话是真的”，本身已假定上帝存在。兜了一个圈子，最后还是在用“上帝存在”来证明“上帝存在”。

从逻辑上来看，我们当然可以由“上帝存在”推论出“上帝存在”——由p推论出p，这是逻辑定律中的同一律，我们可用真值表的方法证明这个论证是对确的，却不能代表p这个论点本身就是真的，否则，我们便可以用相同的方式，去证明所有的论点，因为论点跟自身必然等同。

预设结论的另一种形式就是前提不过是重复结论的内容，仅表达的方式不同而已。

例子

有记者问政府官员：“为什么失业率这么高？”

官员回答：“因为有很多人找不到工作。”

失业率高和很多人找不到工作其实都是同一件事，官员的回答便犯了预设结论的谬误，可谓废答。

（二）混合问题

混合问题是指在问题里包含不恰当的预设，令我们无论如何回答这个问题，就好像承认了这些不恰当的预设。例如：我怀疑某人偷了东西，但在证据不充分的情况下却质问他：“你把偷来的东西放哪里了？”我的问题就是混合问题，因为已假定他偷了东西，而这个假定明显又是不恰当的。

混合问题常见于诡辩中，企图陷对方于不恰当的预设结论中。我们回答混合问题前，必须先澄清当中不恰当的预设，才能完全破解它。

例子

不恰当的预设 + 问题

画中被指责的人物如果不答复，无异于承认自己说不出好话来；如果答复，则承认了自己是乌鸦嘴。因此，在这个混合问题面前，他应该先澄清自己不是乌鸦嘴。

要注意的是，并非所有含有预设的问题，都是混合问题，如果预设是恰当的，就不算犯了混合问题的谬误。

（三）假两难

假两难是将一件事不恰当地设置成只有两个选择，让人只可选择其中一个，但事实上这两个选择并不是互相排斥的，或有其他选择存在。

例子

> 丈夫对妻子说："你再不做饭，我们今天晚上就要饿肚子了。"

丈夫的说法就是一个假两难，事实上，即便妻子不做晚饭，两个人也有填饱肚子的多种方法，比如叫外卖，出去用餐等。

假两难和非黑即白有些相似，事实上，我们可以把非黑即白看成是假两难的一种，也就是两个选项虽互相排斥，但非穷尽所有选择，而假两难不一定是非黑即白。

非黑即白与假两难

共同点：选择只得两个，只能二选一。

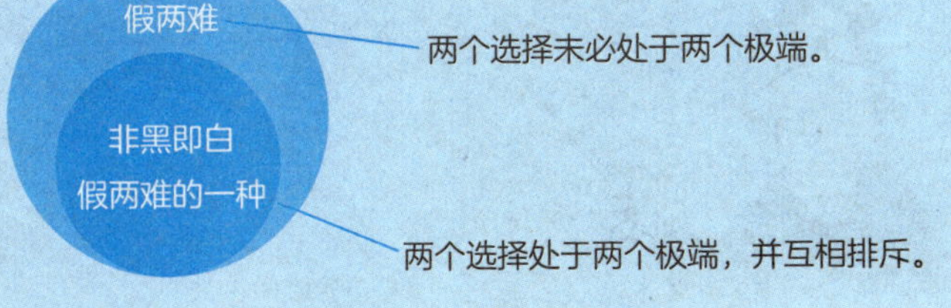

假两难——两个选择未必处于两个极端。

非黑即白 假两难的一种——两个选择处于两个极端，并互相排斥。

（四）滑落斜坡

滑落斜坡预设了一连锁反应会发生，但事实上它会发生的机会很小，所以这个预设是不恰当的。

例子

我们不可以给动物任何权利，因为：如果动物有权利，下一步就要给植物权利；如果植物有了权利，再下一步就要给死物权利；死物都有权利是完全不可以接受的。

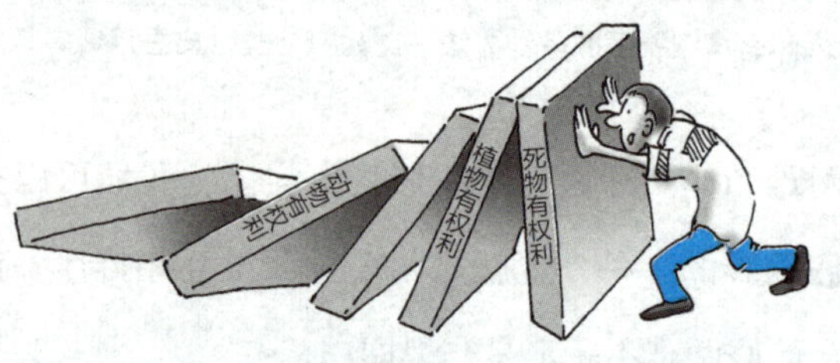

放心！以上连锁反应根本不会出现。有人会将滑落斜坡视为错误的推论，归类为不充分的谬误。但在这里我把它划入不当预设的谬误，是因为滑落斜坡是否成立取决于当中连锁反应出现的几率，若一个推论中的连锁反应很有机会出现，便不算犯了滑落斜坡谬误。

第七节　小结

本章讲了二十多种谬误，大部分谬误都是错误的推论，但有些却明显不是推论，例如：自相矛盾、自我推翻、双重标准和混合问题等；有些则可以是推论，也可以不是推论，例如：离题和断章取义。

有些谬误容易辨认，例如：肯定后项和否定前项，只要我们找出其论证形式，又确认论者企图做必然性的演绎推论，就可以判断该论者犯了这些谬误。

但有些谬误却不容易辨认，或者经常引发争议，当中最具代表性的就是双重标准。当有相同事物受到不同标准对待时，只要这个不同标准有充分理由，就不是双重标准。至于何谓充分理由和相同事物，往往就是争辩的焦点所在，例如：反驳者可以争论所谓的相同事物也有不同之处，以解释为何会出现差别对待的现象。

有些谬误需要具备相关的知识才能辨识出来。就以滑落斜坡为例，我们要判断一个连锁反应的推论是否谬误，取决于该连锁反应发生的机率有多大，我们必须具备相关议题的充分知识，才能做出正确判断。

要辨识谬误，最重要的还是要具备语理分析的警觉性，只要我们提高这种警觉性，就会发现日常的言论都充满了谬误。只要我们有了语理分析的警觉性，就会问假设性问题到底是什么意思。

如果一条假设性问题不是混合问题，仅假设某个情况出现，继而问应该怎么办，便不能构成推搪回答的理由。例如：有学生问我：“如果我考试不合格，该怎么办呢？”我不可能以“不回答假设性问题”为借口，拒绝回答学生的问题。这类说辞不过是回避问题，我们可把它归类为离题谬误。

离题谬误

图中人物是否有责任评论有关事件，跟此事是否个别或普遍根本没有关系。这就是离题。

第六章

创意思考

Creative thinking

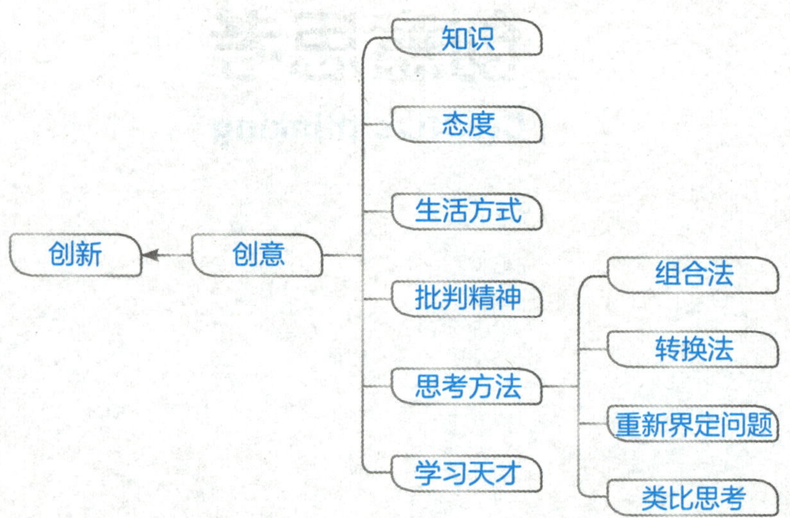
方法（广义）
创新
创意
知识
态度
生活方式
批判精神
思考方法
学习天才
组合法
转换法
重新界定问题
类比思考

第一节　创新的目的

为什么我们需要创新呢？思想家创造新的学说，科学家开创新的理论，艺术家追求新的艺术，企业家不断制造新的产品……似乎不同领域都在追求创新，但背后的原因都是一样的吗？

就拿我们最常用的产品作例子，洗衣机、空调、汽车等发明有什么意义呢？它们主要为我们生活带来舒适和便捷。那么，科学家发展新理论却未必有实质性的成果，其创新的意义又在哪里呢？就在于能够加深我们对自然世界的认识，例如：爱因斯坦创立的相对论，便能说明一些牛顿物理学所不能说明的自然现象。

然而，艺术的创新又是为了什么呢？艺术固然是非实用的，也不像科学那样能加深我们对世界的认识。不过我们可以解释说，艺术的创新不是手段而是目的，艺术家是为创新而创新。

不同领域的创新都有着不同的目的，可以是为了解决问题；也可以是为无聊的生活增加一点新意，但不同的创新都源于意念上的创新，创意就是创新的源头。

创新的目的和根源

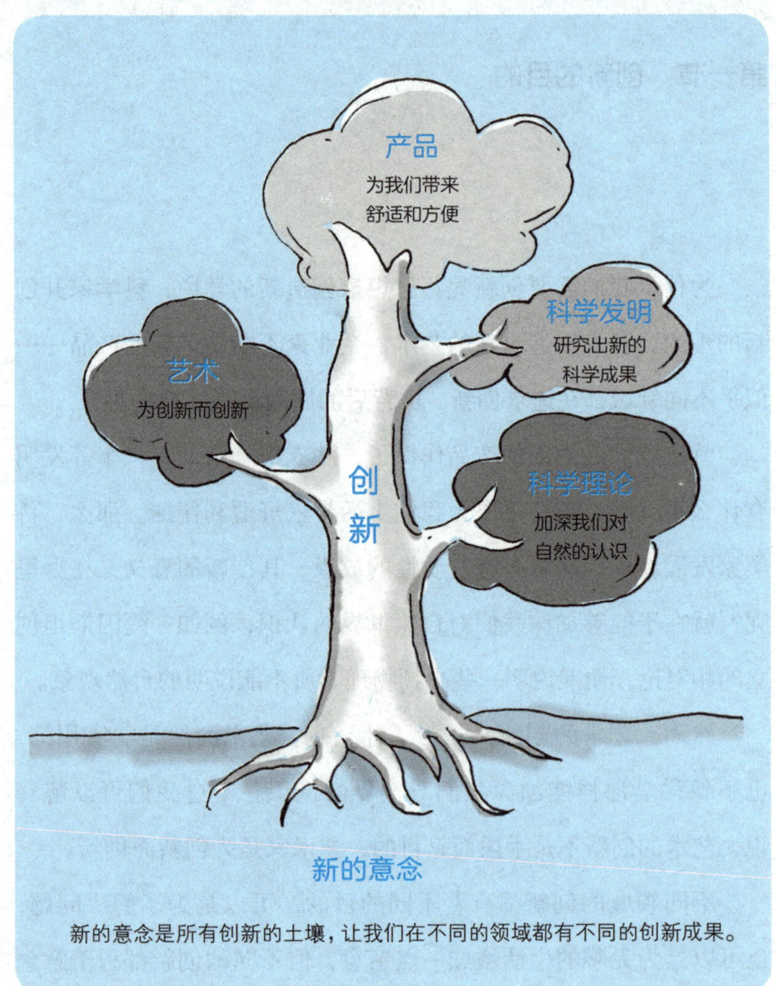

新的意念

新的意念是所有创新的土壤，让我们在不同的领域都有不同的创新成果。

第二节　创新的指引

要思考出新的意念，我们有没有切实可行的途径呢？正如前文所言，创意思考方法的普遍性并不高，它们只能提供一些指引，帮助我们思考出新的意念。

香港已故著名填词人黄霑主讲的《创意与创造力》讲座上，虽然其主题是“创意的思考方法”，但所讲的很多方法都不是思考方法，而是性格或态度，如乐观、大胆和轻松等。

其实，一般讲述创意思考的学者都有这些通病，除了夸大其方法的普遍性，还会混淆创意的方法和创意的思考方法。脑激荡、脑地图、六顶思考帽等所谓方法，仅是一种做事的程序，严格来说都不是思考的方法。

在这里，所谓创意的方法是取其广义，泛指一切能够带来创新意念的方法，包括态度、生活方式及思考上的方法。其次，我会尝试以天才为例，了解他们为什么具有超凡的创造力。

为什么大部分人的创意都很少呢？我认为主要原因是大部分人很多时候都受习惯的支配，习惯用既有的方法去解决问题，没有考虑其他的可能性；另一个原因是缺乏想象力，想不出更多的可能性。因此我认为打破既有习惯和开拓想象力应该可以提升个人的创造力。

六帽思考法

转换思考方向，犹如戴上不同颜色的思考帽，代入不同角色，站在不同角度思考。

（分析见下页）

思考帽颜色	代表意念	思考方向
白色	客观	搜集资料 我需要什么资讯？
红色	感觉	整理感觉、直觉和预感 我喜不喜欢这个构思 / 计划 / 人？
黄色	乐观	进行乐观、正面思考 有什么优点？为什么值得做？
黑色	审慎	进行批判思考 是否可行？有什么缺点和问题？
绿色	创意	创出新意念 有什么新的想法？
蓝色	广阔	进行宏观思考 主题是什么？目的是什么？

六项思考帽并没有固定程序，第一步通常是戴上白色帽子，搜集信息，如发现有很多好材料，便可以换戴绿色帽子，看看不同材料可以组合成什么新构思。接着可以换戴黑色帽子，想一想新构思是否可行，或换戴红色帽子，看看自己喜欢哪个新构思，或戴回白色帽子，重新搜集信息……

（一）知识

很多讲创意思考的书都过于强调想象力的重要性，而往往忽略了知识的价值。

物理学家牛顿正是因为看到苹果落地而获得灵感，创立万有引力定律；化学家凯库勒是因为梦见蛇咬住自己的尾巴，而想到苯的分子结构；古希腊先贤阿基米德是因为洗澡时突发奇想，而想到浮体原理。不错，上述科学家都因为富有想象力，而有所启发，但他们之所以能够创新，主要还是因为他们在各自的领域拥有渊博的知识，夜以继日地思索相关问题。所谓灵感，不过是长年累月积累的成果。如果没有相关领域的丰富知识，又怎能知道什么是创新，什么不是创新，怎样才算是成功的创新呢？

除了专业知识，通识也有助于增长创意，因为知识越多，能够产生的组合也越多，也就越容易有所创新。

六帽思考法

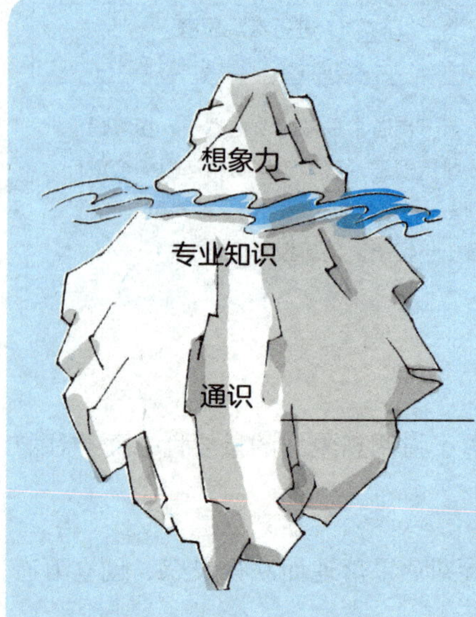

创新思考

通识的内容并不固定，因人而异，例如物理学知识对历史学家而言是通识，但对物理学家而言便不是通识。我们可以把通识理解成一个人拥有其专业知识以外的知识。

知识越丰富，能够产生的新组合便越多。

（二）态度

有些人会将创意视为灵感，认为它是突如其来的，但一些潜意识理论则认为，所谓灵感并非真的是突如其来的，而是潜意识工作的成果，只是我们不能察觉而已。当我们处于轻松状态时，潜意识会特别活跃，因此保持轻松将有助于灵感的出现和创意的增加。

先不要说上述说法是否成立，轻松的态度的确对增强我们的创意有所帮助，不过当我们要做批判思考时，仍要采取严谨、怀疑的态度，不能太过轻松和随意。

简言之，批判时要严谨，创新时要轻松。除了轻松之外，乐观的态度、好奇心和开放的心灵也有助于创意的增长。

让创意自由飞翔的态度

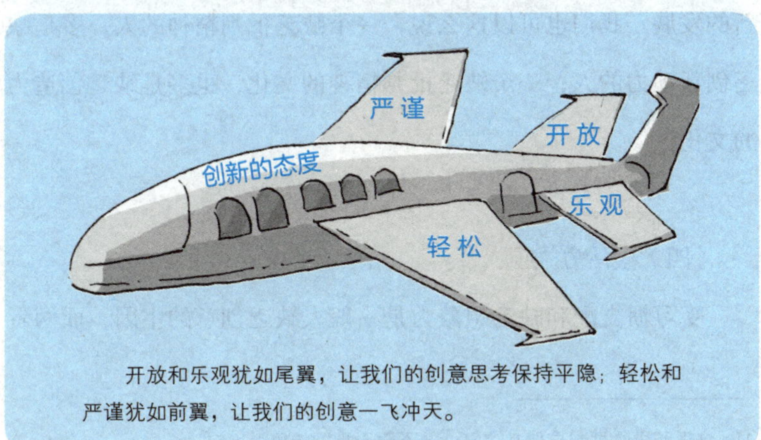

开放和乐观犹如尾翼，让我们的创意思考保持平隐；轻松和严谨犹如前翼，让我们的创意一飞冲天。

（三）批判精神

虽然说我们创造新意念的时候，宜采取轻松的态度，忌过早批判新意念，以防扼杀创意的进一步发展，但这并不表示批判[①]精神对创新没有任何帮助。批判现有事物往往能迫使我们寻求新的突破，例如：我们批评现有产品，指出其缺点，便能促使改良后新产品的出现。

批判科学理论的情况也一样，科学家不断做实验的目的，就是试图推翻已有的科学理论，当这些反例越来越多的时候，就会迫使科学家开创出新的理论，来支持这些反例。艺术的情况也是一样，就是因为过去人们批评艺术不应只是模仿现实，才迫使艺术家寻找新的可能性，结果出现了非写实的抽象艺术。

总而言之，批判能显示不足之处及问题所在，迫使我们寻求新的发展。我们也可以这么说，一个缺乏批判精神的人，多是缺乏创新动力的人；一个缺乏批判精神的文化，也多是缺乏创造力的文化。

（四）生活方式

受习惯支配和缺乏想象力是一般人缺乏创意的主因，而两者

---

① 这里所讲的批判是取其广义，并不限于批判的思考方法。

又往往互为因果：由于长期因循于习惯，结果导致想象力的贫乏；由于缺乏想象力，结果只好继续依赖于习惯。很多讲创意思考的书都强调要打破既有的生活习惯，例如：改乘平日少用的交通工具、看平时不看的电影、阅读平时不读的书等，目的是让我们的大脑接受新刺激，激发我们思考出新意念。

我们也可以多看画展和电影、多听音乐、多阅读文学作品，去提高自身想象力，因为艺术提供了很大的想象空间，当我们欣赏艺术品时，便可发挥出想象力。以上所讲的方法其实只是改变生活方式，并不是思考方法，其普遍性并不高，对甲有效时，未必对乙也有效。

（五）思考方法

能够带来创新的思考方法主要有两种，分别是组合法和转换法。另外还有两种：一种是重新界定问题，另一种是类比思考。

如果我们留意一下身边的事物，便会发现很多都是两种或两种以上东西的组合，例如：随身听便是听音乐和散步的组合；擦胶头铅笔是铅笔和擦胶的组合，不过两者的分别在于前者成功，后者失败而已。

由于组合能带来创新，很多教授创意思考的书籍都强调读者要多做练习，经常随意把两种不相干的事物组合起来，并称练习做得越多，想象力就会越丰富。

以飞机和纸为例，可能的组合便有纸飞机、用纸造的真飞机、飞机图案的厕纸、飞机形状的纸灯笼、飞机形状的信纸、买纸送飞机……在列举过程中，不要怕结果荒谬而影响想象，因为过早的批判有碍于创意的发展，况且很多发明都是由看似荒谬的组合开始的，我们可以待到下一步才过滤这些荒谬的想法，挑出有用的意念。

另外，量也是创意过程中很重要的因素之一。量多不但是想象力丰富的表现，也是创新能否成功的条件之一，很多发明家之所以能成功，就是因为他们大脑中的意念够多。假设发明家有1000个意念，当中只有10个是有用的；而这10个有用的意念中，可能只有一个真正受欢迎，并且能够赚钱；那么只要这个发明家的意念越多，成功的几率就会越大。

转换法是另一种创新的思考方法，手提电话、电视、相机、计算机等商品很多时候便是靠转换颜色、形状、尺码或材质等元素，去推出新产品进行创新。我认为在诸多元素中，转换用途是最具创意的，往往能获得意想不到的成功。就以《庄子》一书中《不龟手之药》为例，故事主人翁得悉宋国有一户人家，其家传秘方可防止染布工人的双手龟裂，于是向这家人买下药方，献给吴王，让吴王把这种药用于军事，使吴兵不会冻伤手脚，在水战中战胜了越兵。主人翁因为懂得改变药的用途，最后获吴王封侯，获得了更多的利益。

无论是组合法还是转换法，都旨在帮助我们得出更多的可能性，但它们都偏重于创造新事物，难以应用于解决问题上。

我们缺乏解决问题的创意，很多时候是因为我们的思维习惯受到限制。要打破这种习惯，其中一种方法就是重新界定原有的问题。新的问题能引导我们想出更多可能的办法，从而提高我们解决问题的能力。

以司马光砸缸救人的故事为例，周围人为了拯救跌进水缸中的小孩，都想出了不同的方法，有的说要跳进水缸把小孩救出来；有的说用绳子把小孩拉上来，有的则说要用梯子……但无论是哪种办法，都受制于如何亲手把小孩救出的思维习惯中。司马光的机智在于没有局限自己的思维，他直接用石头砸缸救人，根本无须亲手把小孩救出。重新界定问题有助于我们摆脱思维的习惯，衍生出更多的可能性。

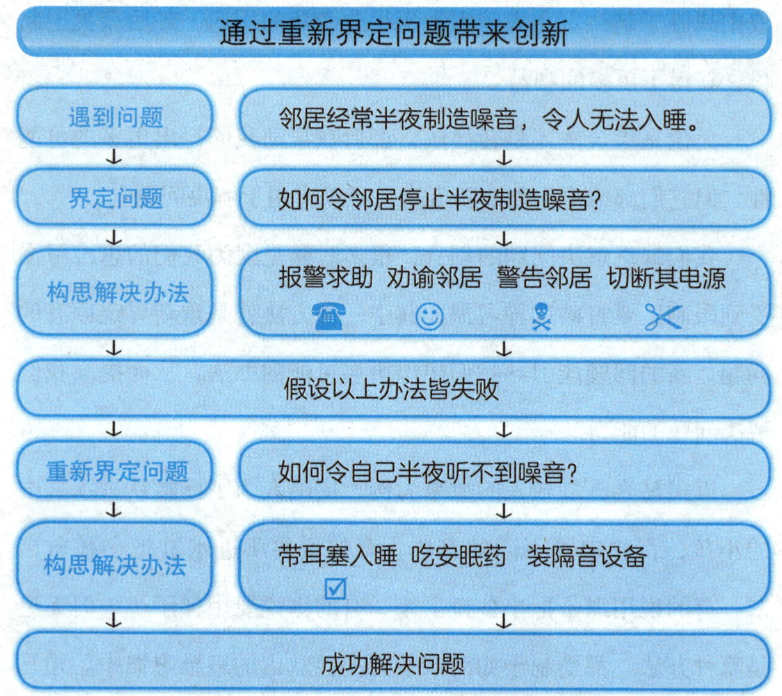

类比思考即类比推论，是归纳推论中的一种，也是一种创新的方法。例如：中国工匠师祖鲁班无意间发现有锯齿形状的叶子容易弄伤人，于是便进行类比思考，认为锯齿形状的金属片将具有更强的威力，结果发明了锯这种工具。

（六）学习天才

人类历史上的很多重大改变都是由天才带动的，例如：开创现代物理学的爱因斯坦、创造现代艺术的毕加索、分析哲学的奠基人维特根斯坦，他们个个都是天才。

不过，天才之所以是天才，很大程度都是与生俱来的，我们难以学习他们天生的才华，例如：我们难以学到莫扎特的作曲灵感，也不容易具备毕加索那样的艺术细胞。

不过有些天才则不同，他们之所以比一般人更具创造力，是因为他们懂得如何训练自己。我们或多或少可以学习他们的训练方法，从而提高自己的能力。

我认为最有学习价值的天才，首推文艺复兴时期的达·芬奇。他不但是艺术家，也是科学家和发明家。在绘画上，他的画作如《最后的晚餐》和《蒙娜丽莎》都是艺术的瑰宝，并且在艺术史上具有重大的创新意义；在科学研究上，无论是解剖学、植物学、地质学还是物理学，他都做出了重大的贡献；在科学发明上，他也设计过飞行器、直升机、降落伞、坦克车、机关枪、迫击炮和潜水艇等（虽然这些设计在当时都没有成功制造出来）。

由此可见，无论在艺术上、科学研究还是发明上，达·芬奇都具备非凡的创造力。

我认为达·芬奇属于博学型的天才，他的惊人创造成果主要源于他拥有渊博的知识，而他之所以能够不断学习、不断探究，有三点我认为是非常重要的：第一是好奇心；第二是实证原则；第三是感受能力。

天才如何训练自己?

方法	实践	目的
保持好奇心	不断发问，不断学习	让自己不断探索和创造
坚持实证原则	从经验中学习	不断追寻知识
强化感受能力	强化视觉、听觉、味觉、嗅觉，做集中注意力的训练	获得更丰富的经验

好奇心

也许大家会认为好奇心是天生的，只不过有些人多些，有些人少些，但事实是人类先天个体之间的差别其实不大，我们的差异主要在后天产生的。

发问是好奇心的最主要元素，儿童总是碰到什么都喜欢问为什么，充满好奇心。可是当我们进入学校后，就被迫接受答案比问题重要的观念，甚至要以老师的答案为标准，久而久之就会失去好奇心。

达·芬奇比我们优胜的地方，是他懂得如何培养好奇心，无论是解剖还是绘画，他都会从三个不同的角度来进行。

他喜欢隔一段时间就从不同的角度（例如：镜中的反像）再次审视自己的作品，还随身携带了一本笔记簿，将刹那间的问题、观察、想法甚至笑话一一记下。

这种自由的思考探索，能扩展我们的视野，不过现代生活十分忙碌，常迫使我们寻求确定的结论，实在不利于我们学习达·芬奇的这种习惯。

前面提过，要有效解决问题，往往需要重新界定问题，或者换一种问法，好奇心便能驱使我们从不同的角度去提出问题。不要因为自己的问题幼稚或简单，就忽略它。达·芬奇的提问也很简单，例如：他曾问："为什么天空是蓝色的？"就是这种好奇心驱使达·芬奇终其一生不断去发问，不断去学习。

实证原则

文艺复兴对后世的影响之一，就是打破了很多中世纪遗留下来的宗教教条和成见，让知识植根于我们的经验证据。

达·芬奇就是基于这种实证原则，去追寻知识，例如：他会亲自解剖人的尸体，以获取有关人体结构的知识。

当所有人都相信山上的化石和贝壳是《圣经》中大洪水的冲积物时，达·芬奇却发现这些化石和贝壳并非同一年代的骸骨，于是质疑大洪水的说法。

事事讲求经验证据的达·芬奇，对当时的炼金术和占星术都进行了严厉批判。

从经验中学习，即是从失败中学习，达·芬奇在画《最后的晚餐》时，就尝试研发新颜料，让颜料可以固定在墙壁上。虽然结果失败了，但正由于他重视经验，能从错误中学习，从而帮助他在绘画上取得了重大突破。

他对阴影的观察，令他创造出晕涂法的绘画手法，《蒙娜丽莎》就采用了这种画法，刻意将人物的嘴角和眼角朦胧化，令它们消融在柔和的阴影中，造成蒙娜丽莎神秘微笑的效果。

对应上一节所讲的批判精神，我们可以将实证原则视为批判的标准，任何知识或发明必须通过验证才能成立。

因此，只要像达·芬奇那样遵循实证原则，我们就可以获得进步。

感受能力

如果说好奇心能令我们不断探索和创造，那么经验就是我们用来衡量这些知识和创造是否有效的标准。

经验是靠我们的感官接触外界而得来的，如果我们拥有了敏锐的感官，感受能力自然会有所提升，换言之，便可得到更丰富的经验。

虽然达·芬奇非常注重锻炼视觉的能力，并且宣称绘画比音乐高超，视觉优于听觉（音乐家一定不同意），但他其实也非常重视听觉的训练，还能吹奏笛子和弹奏里拉琴。

除了视觉和听觉之外，达·芬奇也积极训练自己的触觉、味觉和嗅觉，他喜欢穿质料上乘的衣服，从中感受天鹅绒和丝的触感；他喜欢烹饪，品尝美味的食物；他的工作室也充满香水和鲜花的香气。比起视觉、听觉、触觉和味觉，嗅觉似乎最没实用价值，但它比其他感官都有优胜之处。嗅觉最能唤起深层记忆，这种深层记忆往往伴随着独特的感受。

可如今我们生活在现代社会，走在五光十色的街道上，让人眼花缭乱，加上来自四面八方的各种噪音，太多的刺激反而会使我们的感官变得麻木。

想要训练我们感官的敏锐度，就要花时间做集中注意力的训练，例如：聆听纯音乐，注意声音大小高低的变化，静心观看自然风景等。

也许达·芬奇离我们的时代太远，我来举一个当代创意天才的例子，他就是2011年离世的苹果公司创始人史蒂夫·乔布斯。虽然他是电子产品的发明家，但我认为他也是一个十足的艺术家：他不是很关注市场，只专注于自己的创作，他的设计不但具有原创性，而且美观简约。微软创始人比尔·盖茨就不同，他会做很多市场研究，但领导市场的还是乔布斯。

除了专注这个因素之外，又有哪些原因令乔布斯产生那么多创意呢？其中一个答案就是冥想，跟自己的潜意识交流，从中得到灵感和启发。

冥想这一概念在当今时代已经比较普及，在此不再赘述。

第三节　小结

记得三十年前，笔者还是中学生，经常听到人们提倡批判思考，但从来没有弄清楚批判的目的和思考的方法，结果沦为近乎口号式的宣传。直到三十年后的今日，很多人推行的批判思考的概念仍然是一片混乱。

正如本文所说，任何创新都源于创意，然而，很多人开设的创意思考课，往往夸大某些创意思考方法的效果，例如：声称多听音乐便能培养创意。我要重申，所谓创意思考方法的普遍性并不高，盲目提倡创意思考，便可能出现轻视学习、贬低知识价值的恶果。想要真正提升创意思考能力，我们必须有丰富的知识作为基础。

除此之外，自由对创意也是十分重要的。限制是创意的敌人，自由才是培养批判和创造的母体。人先要有自由，才能充分发掘潜能，社会才具创造性。

创意的敌人和基石

限制是创意的敌人；自由和批评是创意的基石。

第七章

总结及补充

Summary and Supplemental

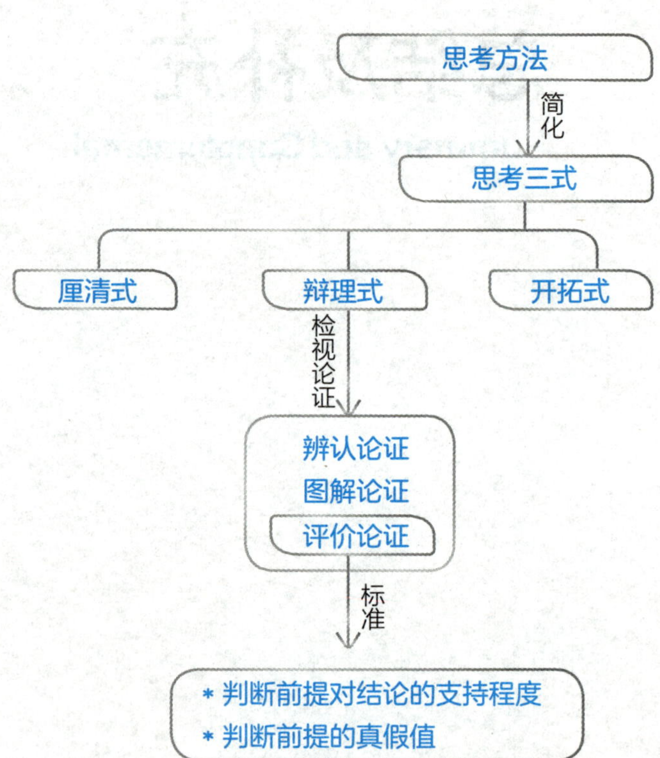
思考方法
简化
思考三式
厘清式
辩理式
开拓式
检视论证
辨认论证
图解论证
评价论证
标准
* 判断前提对结论的支持程度
* 判断前提的真假值

第一节　思考三式

首先，我想用思考三式来总结以上各章所讲的思考方法。思考三式是三种提问的方式，分别是厘清式、辨理式和开拓式。它们分别提出关于意义、理据和可能性的问题：

我们在适当的时候提出上述三个问题，将有助提升思考能力。

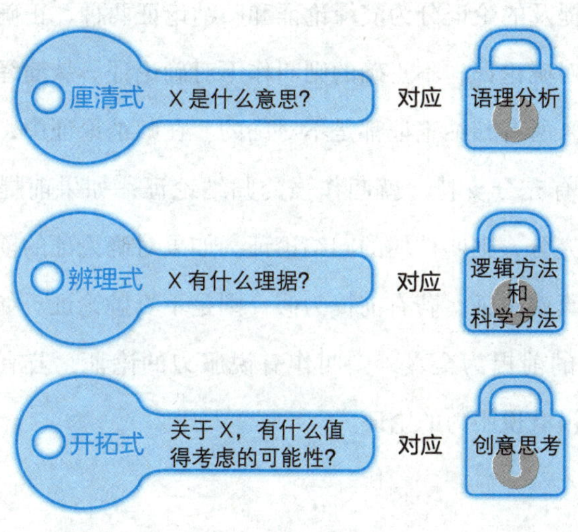

X：任何论题或其涉及的言辞

厘清式为思考三式中的起首式，即语理分析的思考进路。

所谓语理分析的思考进路，就是指我们在思考某个问题或言论时，首要的工作便是厘清这个问题或言论的意思，然后再做进一步的处理。

问题或言论厘清后，我们可能会发现有些问题或言论毫无（语文上的）意义可言，面对这些没有意义的言论，我们便可置之不理。

辨理式要辨别的是一个言论的理据。我们可以把一个用某些理据去支持某个主张的言论，视为一个论证的过程，那么当中的主张就是结论，理据就是前提。

前文提及的论证分为演绎论证和归纳论证两种，正确的演绎论证叫作对确论证，不正确的则叫作不对确论证。从演绎论证的角度来看，所有归纳论证都是不对确的。在归纳论证中，如果前提对结论有充分支持，就叫作强的归纳论证；如果前提对结论的支持不充分，则叫作弱的归纳论证。如果对确论证的前提为全真，叫作真确论证；若有前提为假，则是不真确论证。如果强的归纳论证的前提为全真，则叫作有说服力的论证；若有前提为假，则是没有说服力的论证。

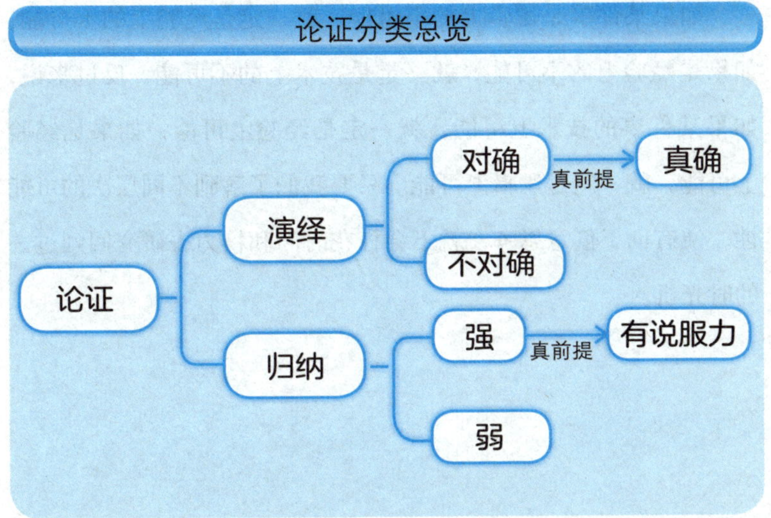

开拓式要求我们思考出更多可能性，主要取决于我们的想象力。不过，无论我们的想象力如何丰富，有逻辑矛盾的事情是绝对不可能出现的，例如：画一个有四个角的三角形、单手拍掌，等等。坊间一些教授创意思考的书籍，往往忽略了这一点。

另外，有些事虽然没有逻辑矛盾，在逻辑上也有可能，但在经验上却不可能，违反了目前的科学理论。例如：造一艘比光速快的宇宙飞船，便是经验上不可能，因为根据相对论，没有东西的移动速度能快过光速。

我们还要考虑技术上的可能性。假设我们计划探访另一个星系，虽然经验上存在可能，但由于现今技术未能达到，所以是技术上不可能。

如果某件事是逻辑上的不可能，就一定是经验上的不可能；如果是经验上的不可能，就一定是技术上的不可能。反过来说，如果某件事的技术上可能，就一定是经验上可能；如果是经验上可能，就一定是逻辑上可能。只要我们了解到不同层次的可能性，便有助于创意思考，就不会枉花时间和精力去研究回到过去的时光机。

第二节 辨认论证

以上各章节谈及论证时，前提和结论均标示得十分清楚，但我们现实中讨论或阅读文章时，当中的论证往往是隐藏的，我们需要把它们找出来，才能作批判思考，但又要如何找呢？

我们可以先检查某个言论中有没有论证指标，它们可以显示论证的存在。论证指标有两种，一种是前提指标，另一种是结论指标。因为、由于、理由、根据等都是前提指标，而所以、因此、故此等则是结论指标。

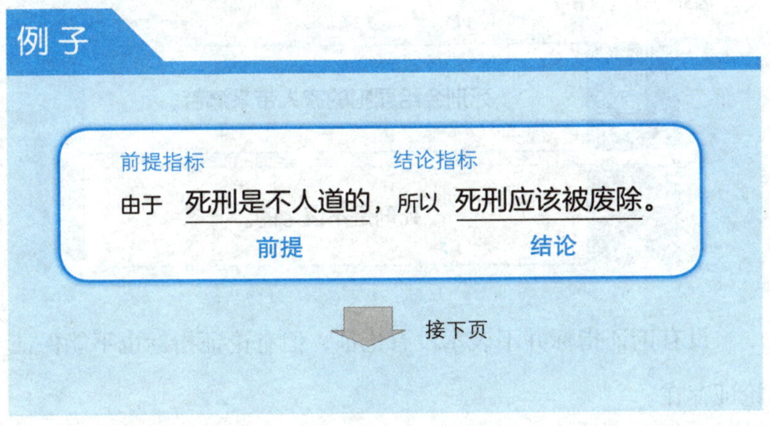

前提	死刑是不人道的。
结论	死刑应该被废除。

但某个言论没有论证指标并不表示论证不存在，我们可以分析言论中的命题之间有没有推论关系。

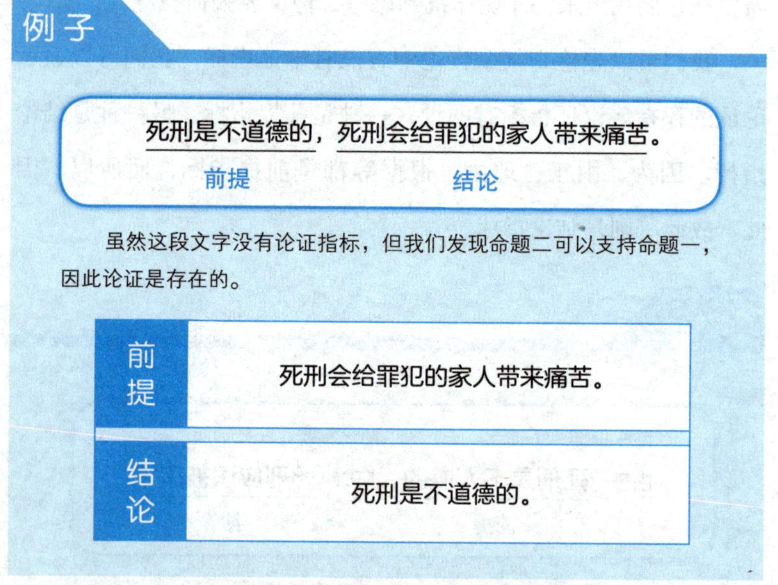

没有论证指标并不表示没有论证，但有论证指标也不能保证论证存在。

例子

前提指标

地面湿滑，（因为）天在下雨。

虽然因为是前提指标，但这里的“天在下雨”不是理由或前提，“地面湿滑”也不是结论，两者不是推论关系，而是因果关系，“天在下雨”是原因，“地面湿滑”是结果。“天在下雨”是在解释“地面湿滑”为什么会发生，不是证明“地面湿滑”的成立。

第三节　图解论证

前文所述的论证都很简单，但论证有时也可以很复杂，因为前提和结论可以有不同的组合方式。以下将介绍几种基本的组合方式。

（一）一个前提支持一个结论

这是最简单的组合，前一节中的两个例子都属于这种组合。

（二）多个前提结合起来，才足以支持一个结论

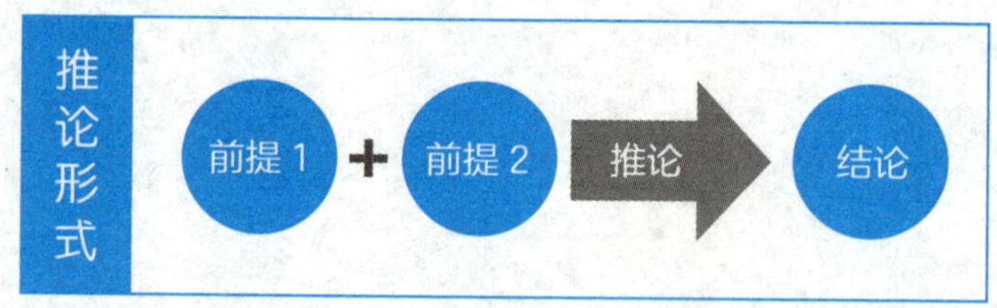

（接上页，续表）

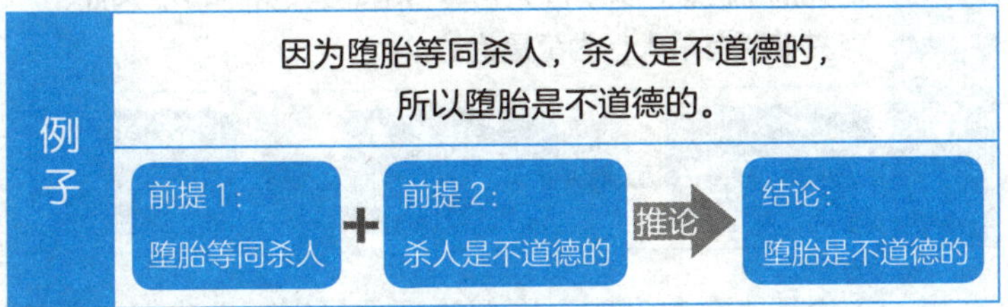

（三）多个前提各自独立地支持同一个结论

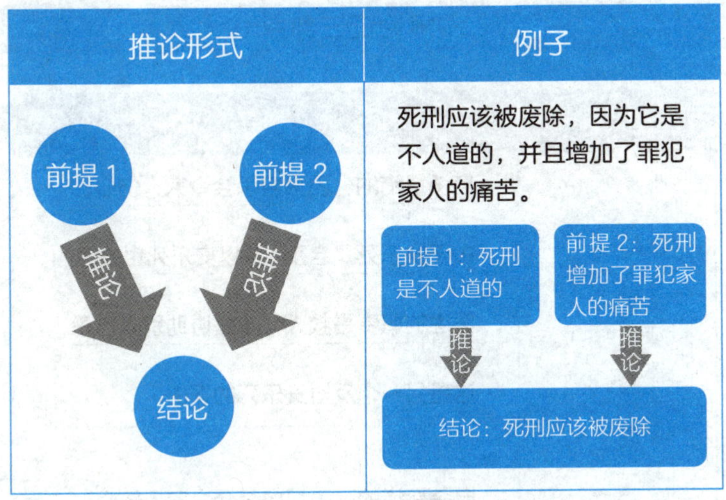

（四）存在中途结论

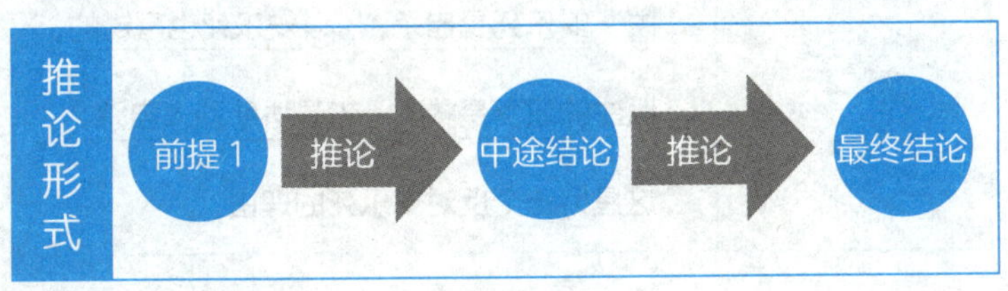

（接上页，续表）

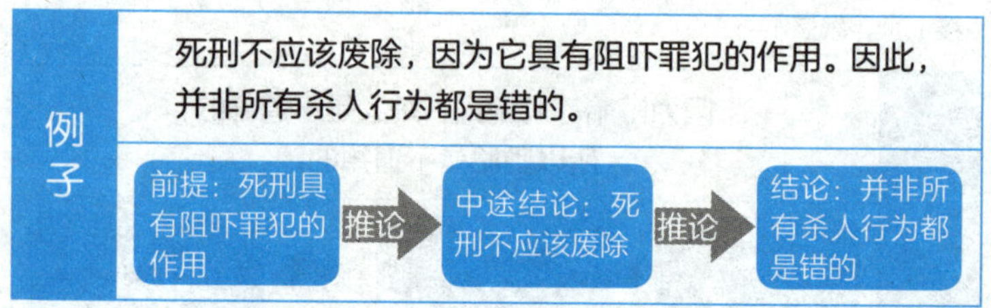

当一个论证十分复杂时，图解论证便可以帮助我们弄清楚论证的结构，方便我们进行分析和评价。

图解论证三部曲

步骤	例子
一、用数字标示各命题	自杀是错的(1)，因为自杀会令家人伤心(2)。由于安乐死是自杀(3)，所以安乐死也是错的(4)。医生的职责是救人，不是协助别人自杀(5)，这是另一个反对安乐死的理由。
二、找出前提指标和结论指标	自杀是错的(1)，因为[前提指标]自杀会令家人伤心(2)。由于[前提指标]安乐死是自杀(3)，所以[结论指标]安乐死也是错的(4)。医生的职责是救人，不是协助别人自杀(5)，这是另一个反对安乐死的理由。

（接上页，续表）

步骤	例子
三、 用→表示 命题之间的 推论关系	2 a 1 ＋ 3　　5 b　　c 4 a. 因为是前提指标，由此可知命题 2 支持命题 1。 b. 由于是前提指标，所以则是结论指标，由此可知命题 3 支持命题 4；但当我们检视内容时，会发现命题 3 需要结合命题 1，才能推论出命题 4。 c. 另一个反对安乐死的理由显示命题 5 能独立地支持命题 4。 **经过以上分析，我们知道安乐死也是错的（命题 4）才是最终结论。**

第四节　评价论证

评价一个论证主要有两个步骤：

一、判断前提对结论的支持程度

演绎论证的对确性可凭其论证形式来判断，而归纳论证的强弱就需要通过审视论证的具体内容后，才能做出判断。

二、判断论证前提的真假值

不同的命题有不同的判断方法。当我们面对一个分析命题时，单凭分析命题的意义就可判断其真假值；至于事实命题则要诉诸经验证据；价值命题则要提出理据。

这两个步骤是独立的。当我们做第一步的判断时，并不需要知道前提的真假值，我们可假设前提为真，然后看它对结论有多大的支持——即结论为真的机会有多大。

当我们做出第一步时，就会发现前提已经不支持结论，就不需要再做第二步了，因为即使前提为真，也跟结论的真假值不相干。这样便可以省却不少工夫，因为要判断命题的真假值，有时需要花很多时间。

评价论证

论证强度 ↑

第一步 判断论证强度	第二步 判断前提的“真假值”	论证的性质
最强（对确）	真	真确
	假	不真确
强	真	有说服力
	假	没有说服力
弱	真	
	假	

前提对结论的支持程度，等于论证本身的强度。当前提对结论的支持程度达到最强的100%时，便反映出论证的对确：如果前提为真，结论必然为真。

例子

前提	1. 杀人是不道德的。 2. 堕胎是杀人。

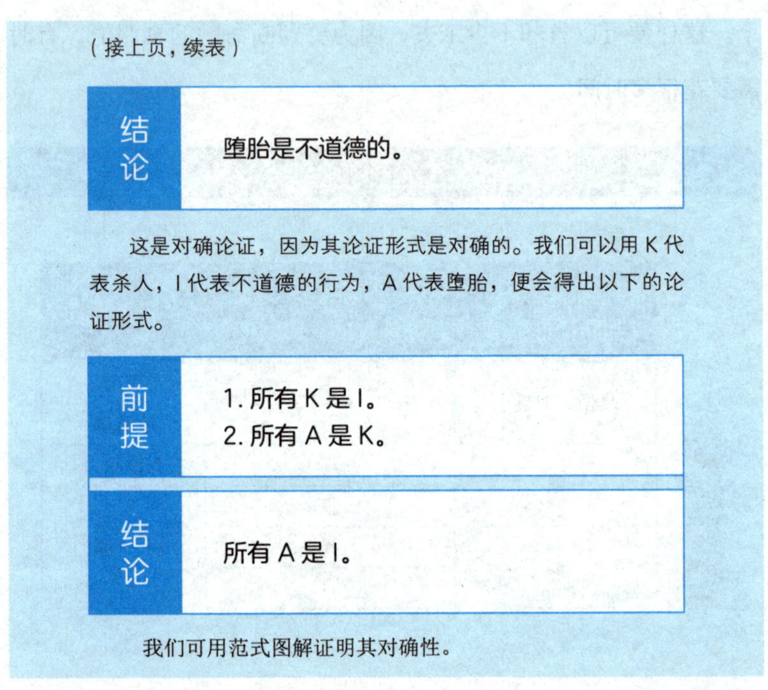

（接上页，续表）

结论	堕胎是不道德的。

这是对确论证，因为其论证形式是对确的。我们可以用 K 代表杀人，I 代表不道德的行为，A 代表堕胎，便会得出以下的论证形式。

前提	1. 所有 K 是 I。 2. 所有 A 是 K。
结论	所有 A 是 I。

我们可用范式图解证明其对确性。

论证的强弱必须诉诸论证的内容。如果论证不对确，其强弱也可以有不同的程度，例如：可以用0%代表前提对结论没有任何支持。

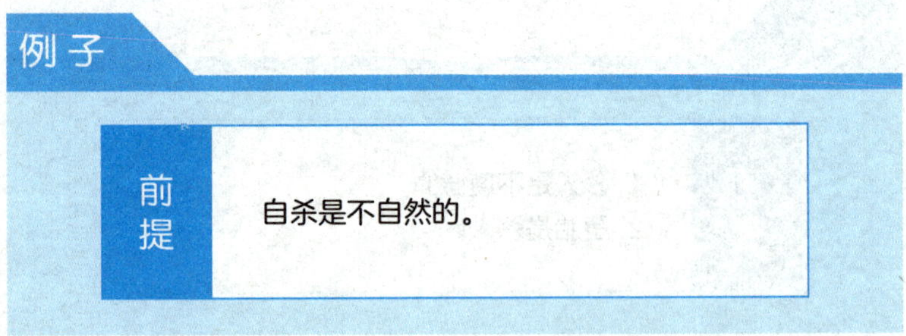

例子

前提	自杀是不自然的。

（接上页，续表）

结论	自杀是不道德的。

前提中的不自然的意思并不清楚，有待厘清；即使我们可以判断什么是不自然，但为什么不自然就是不道德呢？例如：试管婴儿便是不自然的，戴眼镜在某种意义上也可以是不自然的，难道这些都是不道德的吗？以上论证中的前提对结论毫无支持，犯下了诉诸自然的谬误。

从0%~100%之间，论证的强弱程度不同。

例子

前提	二手烟会导致肺癌。
结论	应该禁止在公众地方吸烟。

此论证是不对确的，因为我们可以只同意前提，而不同意结论，比方说，我可以辩解即使二手烟会导致肺癌，但人们在公众地方还是有很多不同的方法，去避免吸入二手烟的。不过，我们亦可以争论，前提对结论仍有很大程度的支持。

如果对确论证的前提为真，便是真确论证，其结论也必然为真；如果对确论证的前提为假，便是不真确论证。

例子

前提	1. 杀人是不道德的。 2. 堕胎是杀人。
结论	堕胎是不道德的。

以上论证虽然对确，但就未必真确，因为我们可以辩解胎儿并不是人，那么前提二便不是真的。

如果一个强的论证的前提为真，就是有说服力的论证；如果前提为假，就是没有说服力的论证。当然，强弱有不同的程度，说服力也有大小之分。

如何用图解去评价一个论证?

第一步

用数字标示各命题

如果死刑是合理的，那么并非所有杀人行为都是错误的(1)。不过，由于死刑并不合理(2)，因此所有杀人行为都是错误的(3)。为什么死刑不合理？因为刑罚的目的是要令罪犯改过自新(4)，死刑并没有阻吓作用(5)，而且也不人道(6)。

（接上页）

注："为什么死刑不合理？"是问句，由于问句没有真假可言，因此并非命题，不需作标签。

第二步

找出论证指标

如果死刑是合理的，那么并非所有杀人行为都是错误的。不过，由于死刑并不合理，因此所有杀人行为都是错误的。为什么死刑不合理？因为刑罚的目的是要令罪犯改过自新，死刑并没有阻吓作用，而且也不人道。

（“由于”：前提指标；“因此”：结论指标；“因为”：前提指标。命题编号：1 如果死刑是合理的，那么并非所有杀人行为都是错误的；2 死刑并不合理；3 所有杀人行为都是错误的；4 刑罚的目的是要令罪犯改过自新；5 死刑并没有阻吓作用；6 也不人道）

第三步

画出命题见的推理关系

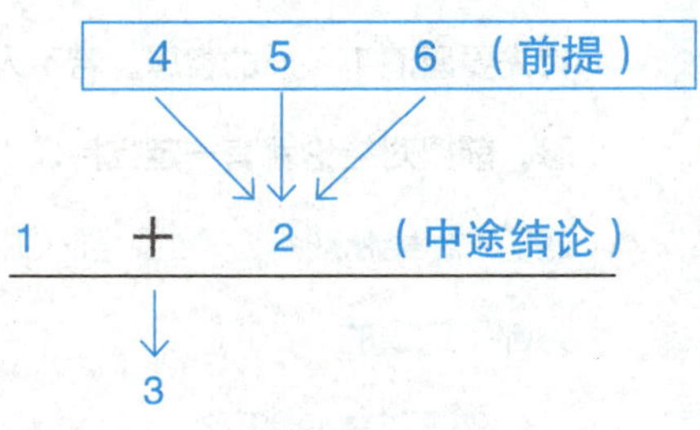

4、5、6 是 2 的前提。

1 和 2 是 3 的前提。

（接上页）

第四步

评价论证的强度

整个论证涉及四个推论。

一、4 刑罚的目的是要令罪犯改过自新→ 2 死刑并不合理

前提对结论的支持度很高，因为死刑把罪犯杀死后，人都死了，又何来改过自新呢?

二、5 死刑并没有阻吓作用→ 2 死刑并不合理

前提对结论的支持度不高，因为即使死刑没有阻吓作用，我们也可以辩称刑罚的合理性视乎罪行的严重性而定，一般来说，罪行越严重，刑罚就越重；杀人是严重的罪行，所以必须有死刑。

三、6 死刑不人道→ 2 死刑并不合理

首先要厘清不人道的意思。若不人道的意思是残忍，前提对结论就有一定支持。

四、1 如果死刑是合理的，那么并非所有杀人行为都是错误的。

+ 2 死刑并不合理

→ 3 所有杀人行为都是错误的

以上论证的形式如下：

（接上页）

第四步

评价论证的强度

前提	1. 如果 A，则 B。 2. 非 A。
结论	非 B。

A：死刑是合理的

B：非所有杀人行为都是错误的

上述论证形式是不对确的，

因此这是不对确论证。

第五步

判断前提的真假值

相对命题 3 来说，命题 1、2、4、5、6 都是前提。

4 刑罚的目的是要令罪犯改过自新

这是有争论的，因为亦有人主张刑罚的目的是维持公平、即罪有应得。

5 死刑并没有阻吓作用

我认为此句是假的，死刑有一定的阻吓作用，因为大部分人都怕死，但作用有多大，便可能因时地而不同。

（接上页）

第五步

判断前提的真假值

此乃事实判断，原则上我们可以验证其真假值，例如我们可以比较同一个地方，废除死刑之前和之后的谋杀率有没有改变，或比较有死刑和没有死刑的地方的谋杀率是否有不同。

6 死刑不人道

如果将不人道解释为残忍，我认为这句话的真假便决定于执行死刑的方法，例如绞刑、火烧、斩头便是不人道，打毒针便会比较人道。

2 死刑并不合理

我们知道命题 2 得到命题 4 很高的支持、命题 6 一定的支持，以及命题 5 很小的支持。如果命题 4 刑罚的目的是要令罪犯改过自新是真的，命题 2 的可信性就会很高。

我们上述已指出刑罚的目的具有争议性，但仍可以辩称刑罚可以有很多目的，令罪犯改过自新是其中一项，这样我们便可判断命题 4 是真。

但我们同时亦要考虑相反的论据，例如：从罪有

（接上页）

第五步

判断前提的真假值

应得的角度看，死刑便是合理的。

1 如果死刑是合理的，那么并非所有杀人行为都是错误的。

只要我们了解合理意味并非错误，便可判断这句话为真，并且是分析判断。

第六步

评估结论的可信性

命题 1 为真，命题 2 亦有一定可信性，但 1+2 → 3 这个论证却是不对确。换言之，前提对结论的支持并不充分，因此所有杀人行为都是错误的结论，可信性并不高。

附录

对思考方法的误解

在这里，我想简单地说一些对思考方法的误解。

第一，不理解方法的意义。例如：有人认为语理分析由李天命先生提出，是他的招牌，别人再讲语理分析就没有新意了，也失去了价值。

其实语理分析作为方法，只需考虑其普遍性能否达到预期目的即可，至于由谁提出来的根本不重要。打个比方，现在有人发明了一种更快的游泳方法，若你想游得快，就要学习这种方法，根本不需要自创另一种新的泳法（除非可以游得更快）。盲目追求独特性不过是以自我为中心的表现，正如当年的纳粹硬要发展所谓的德国物理学，就是“我族中心”的表现。

第二，教育界对思考方法的误解。这又可以分成两种情况，第一种较为学术性，例如：教育学者约翰·麦克佩克在《批判性教育与思维》一书中指出：“根本没有具备‘普遍性’的思考方法，因为每一个学科都有其特定的内容，也有其判定知识的标准，我们必须先学习某个学科的具体知识，才能掌握其‘思考方法’”。

即使不同的学科有不同的内容和知识标准，也不能由此推论出具有普遍性的思考方法并不存在。正如每一场演讲都会有不同的内容，但并不表示具有普遍意义的演讲技巧是不存在的。数学中所说的“证明”固然不同于科学的“证明”，但科学的“证明”也有异于法律的“证明”。不过，若这些学科讲的内容犯了语害或谬误，也势必同样遭到批判。再者，不同学科之间也非互相独立的关系，例如法律必须预设科学的知识，科学又假定了数学的知识，而数学则建基于逻辑之上。思考方法具有最大的普遍性，当然可以应用到其他学科上，但若不先好好学习思考方法或只是一知半解，只会产生更多误解和误用。

此外，根据上述学术界的看法，我们根本不需要把思考方法独立成科，因为只需透过学习每个学科，即可同时学到思考方法。这种想法在教育界有很大的影响力，即使教育界也认为可以教给学生普遍的思考方法，但由于之前对思考方法的轻视，产生了很多误解，这其中就包括思考方法的具体内容。

就以香港地区为例，新高中课程中的中文科和通识科都包含了批判思考的元素，但所教授的思考方法的内容却错漏百出，例如：多本教科书便将论证分为举例论证、引用论证、比喻论证、类比论证、对比论证、演绎论证和“归纳论证。懂逻辑的人一看就知道这是将论证胡乱进行分类，明显是外行人写的。读过逻辑学的人都应该知道论证分为两大类，就是演绎论证和归纳论证，其中类比论证是归纳论证的一种，而比喻根本就不是论证，它的作用只是把论点讲清楚，让人易于了解，不能用来支持论点，否则就会出现谬误。这些教科书更提出“演绎论证的前提之一必须是普遍原理”，这显然是错误的。因为演绎论证也可以由个别推论出个别，不一定都要由普遍推论出个别。

第三，以为掌握思考方法就能穷尽批判思考的内涵。若对个别领域的认识不深，没有充分的知识，便不能对个别领域做出全面、深入的批判。

后记

某夜闲得无聊，兴之所至，便写了一篇《思方三字经》，简称《思经》。

思方学，有四要。意为首，重厘清，善分析，曰语理。二逻辑，谈推论，说必然，名演绎。三科学，求知识，有方法，号归纳。四剖析，错思维，乱思考，乃谬误。

语理者，四要中，乃先行；除语害，明思维，兼正心。语害者，计有三，概念转，言辞废，意暧昧。

演绎者，有形式，称对确。

归纳者，乃推论，涉盖然。

谬误者，有四不，乃分类。不一致，不相干，不充分，不当设；严重性，依次减。若做人，此四不，复可用。

以上者，属批判；附加者，为创意。论思考，批判先，后创意。

创意者，无定法；勉说之，有二法，为组合，及转换。

人生者，所为何？善批判，全其理；谋创新，求发展。